楽しい調べ学習シリーズ

# 空を飛ぶ生き物たち

## 鳥・昆虫から植物の種まで

[監修] 東 昭

PHP

# 空を飛ぶ生き物たち

## 第1章　飛ぶって何？

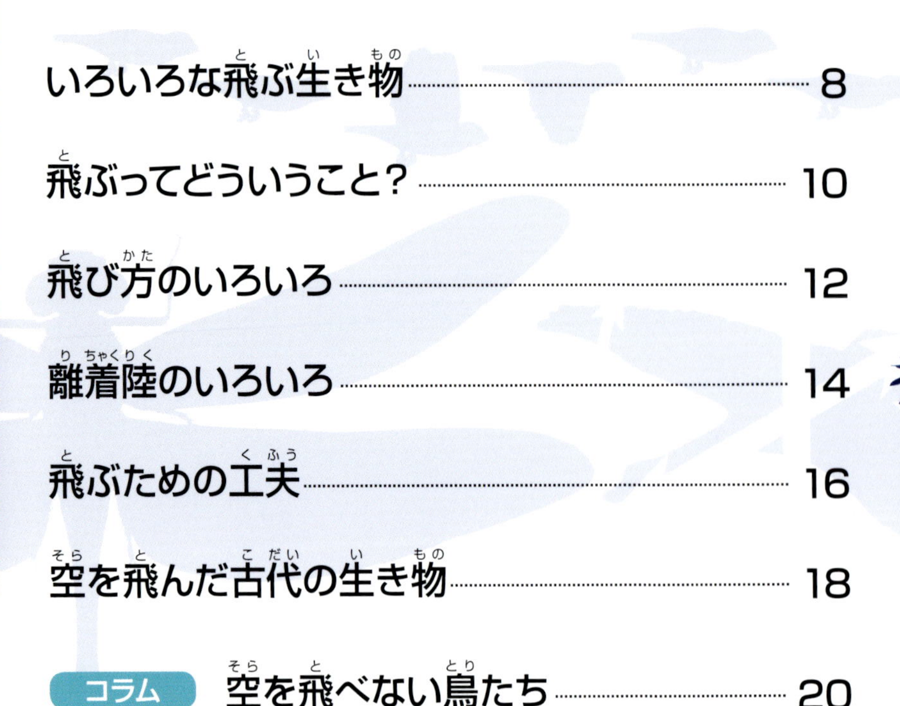

## 第2章　羽ばたいて飛ぶ

## 第3章　羽ばたかずに飛ぶ

# はじめに

生き物の動きは、大きく分けると５つになります。「空中を飛ぶ」、「水中を泳ぐ」、「地上や水上を歩く（走る）」、「地中を進む」、「風を利用し帆を張って水面を滑っていく、または波に乗る」です。

地球上では、どこでどの動きをするときでも、生き物に対して常に重力がはたらきます。そのため、重力に対して体を支えなくてはいけません。例えば、地上に立つときは、固い地面から上向きの「反力」が足を通じてはたらき体を支えます。また、水中や空中では、下向きの重力に対して上向きの「浮力」がはたらきます。ただし、水中での浮力は重力をほぼ打ち消してくれますが、空中での浮力はほとんどありません。つまり、空中を飛ぶためには、浮くための飛行用具と動きが必要となるのです。

生き物の浮くための動きは、体の大きさによってちがってきます。体にはたらく力が変わってくるからです。水や空気のように自由に形を変えられる物質を「流体」といい、この流体から生じる浮力、抗力、揚力（→ 12 ～ 13 ページ）などを「流体力」といいます。重力と浮力（静的流体力）は、流体の密度が同じなら体の容積に比例して大きくなるので、大きい生き物ほど大きくはたらきます。一方、空中や水中を動くときにはたらく抗力や揚力（動的流体力）は、体の表面積（または断面積）に比例して大きくなります。生き物はいろいろな形をしていますが、一般的に体長が２分の１になると、体の容積は８分の１になりますが、表面積は４分の１にしかなりません。これは、体が小さくなると抗力や揚力のはたらきが相対的に大きくなり、浮きやすくなることを意味します。

また、抗力や揚力（動的流体力）に影響をあたえる空気の粘り気も、体の大きさで感じ方が変わります。私たち人間のように大きい生き物にとっては、空気や水はサラッとしていて、例えばハチミツのように粘っこくは感じません。しかし、昆虫のように小さい生き物にとっては、空気は粘っこいのです。逆に、クジラのようにとても大きい生き物にとっての空気や水は、私たちが感じるものより、とてもサラッとしています。

これらのことが生き物の動きに強く影響していて、それぞれの大きさの生き物が、自分の大きさにふさわしい飛行用具をもち、またそれに合った動き方をしているようです。この本では、「空中を飛ぶ」ことについて、生き物の大きさとその形、その動かし方に注目して見ていきましょう。

東　昭

# この本の使い方・特徴

## 生き物が空を飛ぶしくみを知る

第１章「飛ぶって何？」では、空を飛ぶ生き物について基本的な知識をしょうかいしています。飛ぶしくみから、いろいろな飛び方や離着陸のしかた、海から空へと進出した生き物の歴史まで、幅広く知ることができます。

## 飛び方の特徴をくわしく知る

**第２章「羽ばたいて飛ぶ」**と、**第３章「羽ばたかずに飛ぶ」**では、飛び方の特徴をしょうかいしています。第２章では鳥やコウモリのように翼を動かす生き物、第３章ではムササビやタンポポの種のように翼を動かさない、または翼をもたない生き物を取り上げます。

第3章 羽ばたかずに飛ぶ

空をまう小さな生き物

## 最近の研究などを幅広く知る

水色の四角の中では、「トンボのはねをまねた小型模型機」や「種の運ばれ方のいろいろ」など、関連する研究や項目などをしょうかいしています。

第1章
飛ぶって何？

# いろいろな飛ぶ生き物

春の空には、空を飛ぶツバメやチョウ、タンポポの綿毛などが見られます。空を飛ぶ生き物は鳥や虫、植物などの陸上の生き物だけではなく、海の生き物にもいます。では、どうして陸上を走ったり水中を泳いだりしないで、空を飛ぶのでしょうか？

## 魚やカエルも空を飛ぶ

空を飛ぶ生き物というと、鳥や虫を思いうかべるかもしれません。しかし、鳥や虫のほかに、コウモリなどのほ乳類、カエルなどの両生類、ヘビなどのは虫類、魚やイカなどの海の生き物、タンポポなどの植物も空を飛びます。その大きさも、翼を広げた長さが3.5mになるワタリアホウドリから、直径50μm*のマツの花粉まで、さまざまです。

* 1μmは1000分の1mm。

**タンポポの綿毛**
風を利用して種を飛ばす植物の1つ。種についた細い毛（冠毛）で風をとらえて空を飛ぶ。

**トビウオ**
空を飛ぶ魚の仲間。水中から飛び出し、ひれを広げて飛ぶ。

**トビガエル**
空を飛ぶカエルの仲間。水かきを広げて空を飛ぶ。

## どうして空を飛ぶの？

空を飛ぶことには、さまざまな利点があります。まず、陸上や水中にいる飛べない敵からにげるための有効な手段になります。次に、石や木などの障害物がある陸上より、さえぎるものがない空のほうが、目的地まで最短距離で行ったり、広い視野で食べ物をさがしたりすることができます。また、自分で移動することができない植物にとって、種が風に乗って飛んでいくことは、広範囲に子孫を残すための有効な手段になります。

**アゲハチョウ**
大きなはねを羽ばたかせてひらひら飛ぶ。

**モモジロコウモリ**
コウモリはほ乳類の中で唯一羽ばたいて飛ぶことができる。同じほ乳類のムササビなどは羽ばたかずに飛ぶ。

写真提供：東洋蝙蝠研究所

**ツバメ**
先のとがった翼をもち、高速で飛ぶ。空中で飛んでいる虫を飛びながらつかまえる。

## 空を飛ぶ鳥の中で一番重い鳥

鳥の中で一番重いのは体重90～120kgのダチョウですが、空を飛ぶ鳥の中で一番重い鳥は何でしょうか？　答えは体重22kgにもなるアフリカオオノガンです。これは、空を飛べる鳥の体重の限界に近いとされています。体重10kg以上の鳥はほかに、オオハクチョウ（8～12kg）やハイイロペリカン（10～13kg）などがいます。一方、世界一軽い鳥は体重2gのマメハチドリです。

**アフリカオオノガン**
アフリカの草原にすむ全長90～120cmの鳥。繁殖期のおすはのどをふくらませてめすに求愛する。

**マメハチドリ**
全長約5cmの世界最小の鳥でもある。日本一軽い鳥は体重3gのキクイタダキ。

**オオハクチョウ**
全長約140cm。日本の鳥の中では一番重い鳥。冬を越すために日本へわたってくる。

# 飛ぶってどういうこと？

あなたが地面をけって上へジャンプすれば、体は一瞬空中にうきますが、すぐ地面に落ちてしまいます。飛んで空中を移動するためには、どうすればよいのでしょう？　また、空を飛ぶ生き物がどんなしくみで飛んでいるのか見ていきましょう。

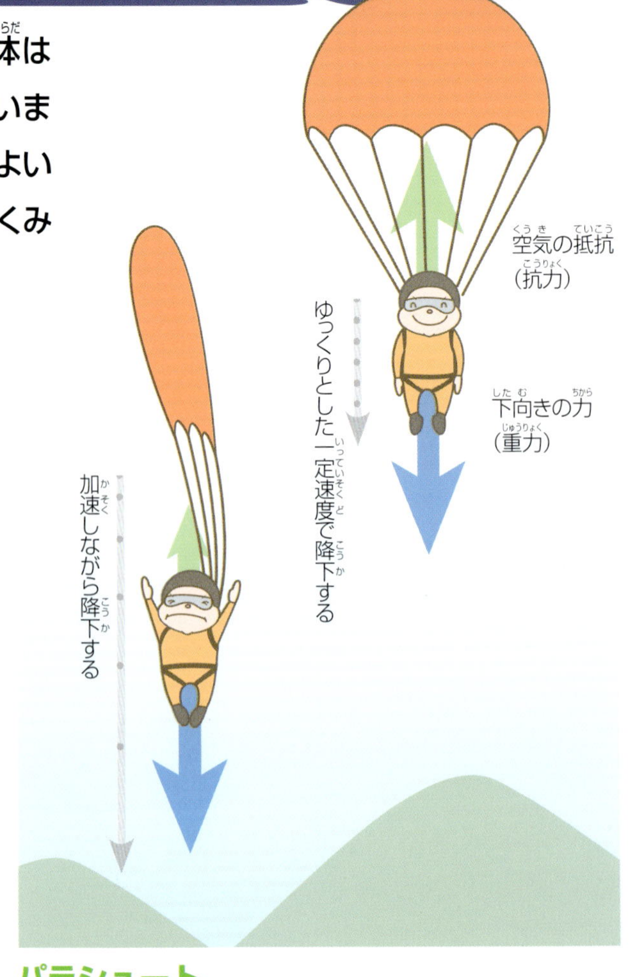


## パラシュート

パラシュートを開いて、空気の抵抗による抗力が重力とつり合うとき、ゆっくりとした一定速度で降下しながら飛ぶことができる（右）。パラシュートが開かないと、抗力が小さいため、加速して落ちていく（左）。

## 飛ぶために必要な上向きの力

すべてのものには、地球の中心に向かって引きつけられる「重力」がはたらいています。空を飛ぶ生き物にも、下向きの重力がはたらき、少しずつ降下しますが、これに逆らう空気力＊で「上向きの力」をつくり、空中にとどまる時間を長くしています。その間に風で運ばれたり、羽ばたいて前進したりすることで、空中を移動する、つまり空を飛ぶことができるのです。

＊空気から得られる揚力と抗力の合力

## 小さな生き物は「抗力」で空を飛ぶ

ものが移動するとき、ものには空気の抵抗で、進行方向と逆向きに「抗力」という力がはたらきます。昆虫のように体が小さい生き物にとって、空気はハチミツのように粘り気があるので、抗力は一層大きくなります。そのため、落ちる速度がおそくても下向きの重力とつり合うほどの上向きの抗力がはたらき、空を飛ぶことができるのです。また、下や横からふく風によって遠くまで飛んでいくことができます。

### 風に乗って飛ぶマツの花粉

小さな花粉や胞子などは、はじめは加速しながら落ちていくが、落ちる速さが速くなるとともに抗力がまし、すぐに抗力が重力とつり合って、ゆっくりとした一定速度で降下しながら飛ぶ。

抗力
進む方向
重力

### タンポポの種

タンポポの綿毛のように細い毛のまわりでも、空気の抵抗が大きくなる。そのため、落ちる速さがおそくても、重力とつり合う抗力を利用して空を飛ぶことができる。抗力は、進行方向と同じ向きに空気を動かしたその反力ともいえる。

## 大きな生き物は「揚力」で空を飛ぶ

大きな生き物は、体が重く、私たち人間と同じように空気に粘り気を感じることはありません。そのため、小さな生き物のように抗力だけで空を飛ぼうとすると、落ちる速さがとても速くなってしまいます。そこで翼を使って、進行方向とほぼ垂直上向きにはたらく「揚力」を生み出して飛びます。広げた翼に空気を受けて前に進む場合、空気が翼の下へ押し出され、その反力で揚力が生み出されるのです。また、羽ばたくことで、前進する力である「推力」を生み出し、さらに遠くまで飛ぶことができます。

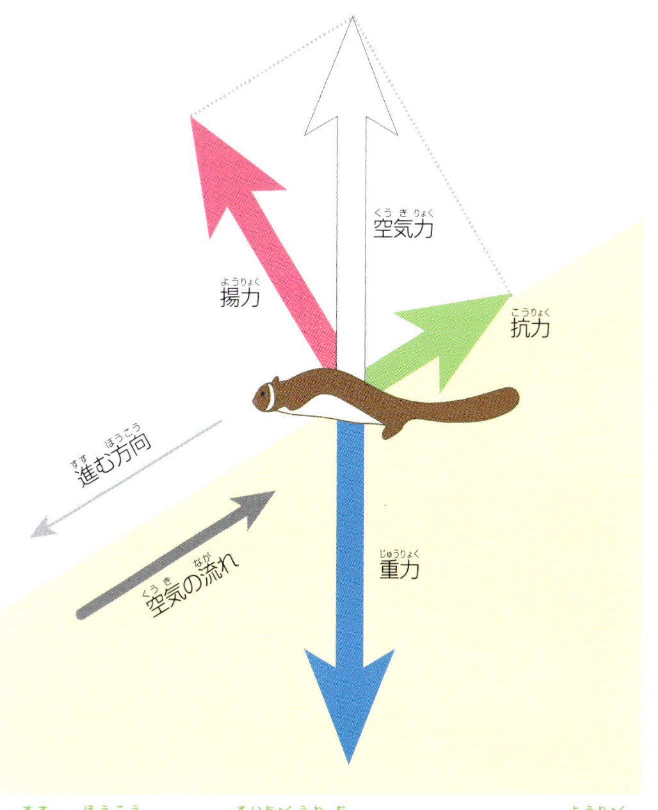


**進む方向とほぼ垂直上向きにはたらく「揚力」**
上の図は滑空するムササビにはたらく力を表している。進む方向と逆向きに抗力、垂直上向きに揚力がはたらく。抗力と揚力を合わせた上向きの空気力によって、下向きの重力を打ち消す。

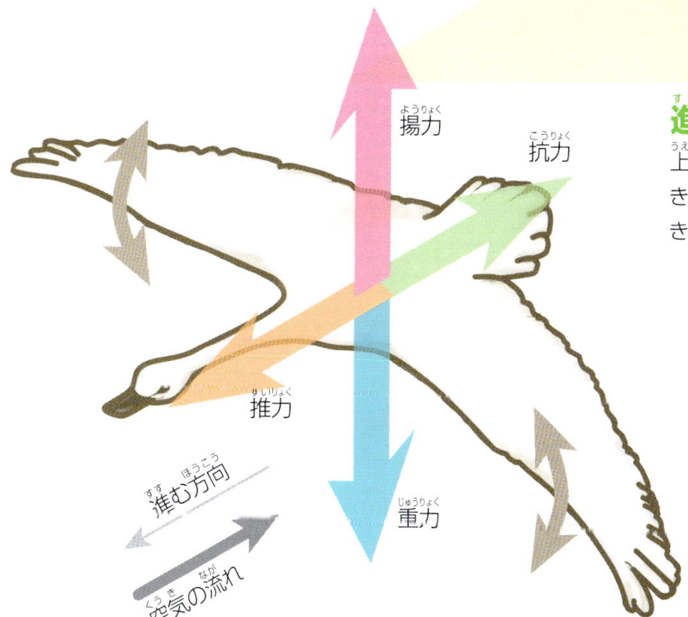


**進む方向にはたらく「推力」**
左の図は羽ばたきながら水平に飛行するハクチョウにはたらく力を表している。進む方向と逆向きに抗力、垂直上向きに揚力、同じ向きに推力がはたらく。空気をとらえて翼を上下に動かすことで、外翼ほど打ち下ろしでも打ち上げでも大きい推力を生み出せる（→P.12）。

## 生き物は空気があるから空を飛べる

重力のない宇宙空間では、生き物はうくことはできますが、空気もないため空気力で飛ぶことはできません。空気の流れによってできる抗力や揚力が発生しないからです。また、地球の周りに空気があるのは、重力によって空気が地球に引っぱられているからです。もし重力がなければ、空気は地球にとどまることができず、宇宙空間へ飛び出してしまいます。空を飛ぶ生き物にとって、重力も空気も必要なものなのです。

**宇宙から見た地球** 写真の地球表面に青白く見える部分が大気（空気）。大気は地上から約 500km のところまであるが、外側ほどうすくなっている。

# 飛び方のいろいろ

飛ぶ生き物には、羽ばたくもの（→第2章）と羽ばたかないもの（→第3章）があります。羽ばたく飛び方は、羽ばたかない飛び方より多くのエネルギーが必要ですが、推力が得られるため速く遠くまで飛ぶことができます。また、両方を組み合わせて飛ぶものもいます。

## 羽ばたいて飛ぶ

羽ばたきは、翼を引き上げる「打ち上げ」と翼をふり下ろす「打ち下ろし」をくり返す動きです。羽ばたきによって推力を生み出しています。羽ばたく飛び方には、前へ飛んでいく「前進飛行」や、空中の一点に停止したまま飛び続ける「停空飛行（ホバリング）」があります。

©Ra'id Khalil / Shutterstock.com

**停空飛行をするトンボ**

停空飛行は高速で羽ばたきながら、空中の一点に停止する飛び方で、ホバリングともいう。ハチドリも停空飛行することができる。

©KellyNelson / Shutterstock.com

**前進飛行をするワタリガラスの連続写真**

前に進むための推力は、主に翼の先のほう（外翼）で生み出される。羽ばたきをくり返すには翼を動かす筋肉にたくさんのエネルギーが必要になるため、前進飛行の間に滑空をまぜて、エネルギーを節約することもある。

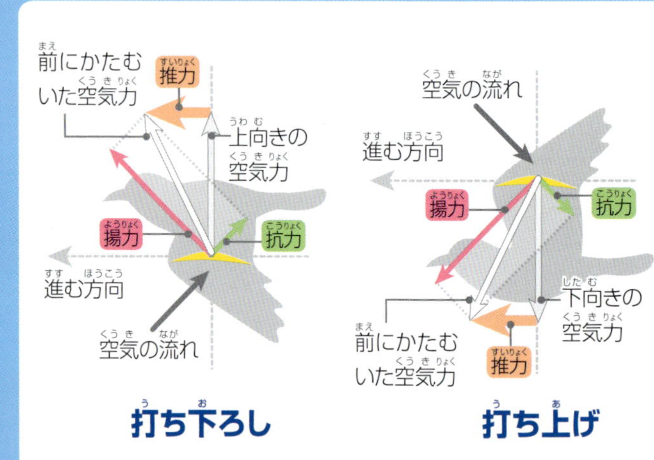


**羽ばたく翼による推力の生み出し方**

打ち下ろしのとき、空気を後ろの下側へ押し出すと、揚力と抗力により前にかたむいた上向きの空気力ができ、前向きの推力が生み出される。打ち上げの場合、空気力は前にかたむいた下向きの力になることで、前向きの推力が生み出される。図は翼の一部（黄色）に発生する推力などを表す。

## 羽ばたかずに飛ぶ

羽ばたかない飛び方には4つの飛び方があります。パラシュートのように抗力で空をまう「浮遊」、ヘリコプターのように翼をくるくる回して飛ぶ「自動回転」、グライダーのように翼を広げたまま飛ぶ「滑空」、翼を広げたまま風を利用して飛ぶ「帆翔」です。これらは、風に身を任せたり翼を広げたりするだけなので、省エネの飛び方です。

**帆翔するトビの連続写真** 翼を広げたまま、上昇気流を利用して高度を下げずに飛ぶ飛び方で、ソアリングともいう。タカやアホウドリなどの大型の鳥に見られる。

**浮遊するマツの花粉** 浮遊は風に身を任せてふわふわと遠くまで飛んでいく飛び方。タンポポの種のように細い毛をもつものも浮遊する。

**滑空するトビウオ** 滑空はグライダーのように翼を広げたまま、徐々に高度を下げていく飛び方で、「グライディング」ともよばれる。ムササビやアルソミトラの種なども滑空する。

## 小型の鳥の波状飛行

エネルギーを節約する飛び方の1つに、波形の軌道で飛ぶ「波状飛行」があります。この飛行では、羽ばたいて勢いをつけて上昇した後、翼をたたんで下降しながら進みます。上昇と下降をくり返して飛ぶため波形の軌道になり、羽ばたきを休むことができるのでエネルギーを節約することができるのです。この飛び方は、スズメやヒヨドリなどの小型の鳥でよく見られます。

**飛行中のヒヨドリの群れ** ほぼ手の部分（外翼）からなる翼では飛び方を変えることが難しく、体重に対して羽ばたきの力がとても強いため、ヒヨドリやスズメは上昇する以外のときは羽ばたきを止めて下の図のように飛ぶ。

**波状飛行中のスズメ** 翼をたたんで飛ぶ間は、ななめ上に打ち上げた大砲の弾のように山なりの軌道（弾道）をえがくため「弾道飛行」ともよばれる。

# 離着陸のいろいろ

空を飛ぶ植物の種や花粉のように、離陸も着陸も自然の風に身を任せているものもありますが、体の重さや場所に応じて、さまざまな離着陸の方法があります。どのような離着陸の方法があるか見てみましょう。

## 離陸のしかた

昆虫のように体が軽くて羽ばたく力が十分あるものは、ヘリコプターのようにその場から飛び立つことができます。また、体の重いものは、飛行機が滑走路を使うように羽ばたきながら水面や地上をけって助走をつけたり、落ちていく勢いを利用したりして飛び立ちます。

画：七宮事務所

**落ちるようにして飛び立つムササビ**

木を登り、上のほうから落ちるようにして飛び立つ。別の木に着陸すると、また登って飛び立つことをくり返し、森の中を移動している。

©AdStock RF / Shutterstock.com

**その場から飛び立つテントウムシ**

かたい前ばねの下にあるうすい後ろばねをのばし、羽ばたかせて飛び立つ。

©Bogdan VASILESCU / Shutterstock.com

**水面を走って飛び立つハクチョウ**

翼に風を多く受けようとするために、風上に向かって水かきのあるあしで水面を走って速度をつける。風が弱いときは、長く走って速度をつける。

## 着陸のしかた

停空飛行ができない場合は、着地点を目指して高度と速度を下げる必要があります。そのために、羽ばたきを変えて超低速飛行をしたり、あしを広げて空気や水の抵抗を受けたりします。また、ウミガラスは、ボールを下から投げ上げるとボールが最高点にくるときに速度がおそくなることを応用して、体を下から上へ投げ上げて着陸します。

**着陸するアメリカトキコウの連続写真**

羽ばたきを調整して、停空飛行に近い超低速飛行をしながら着陸する。着陸の衝撃はあしで吸収する。

**水上を滑走して着水するハジロアホウドリ**

水鳥や海鳥は、あしの指の間にうすい皮ふでできた水かきをもっている。着水のとき、大きく広げた水かきを水面に当てることで、そこにはたらく揚力で体が水中にしずむのをおさえ、また抗力で速度を落とす。

**岩場に着陸するウミガラス**

ウミガラスは、垂直の岩壁にあるわずかな出っ張りに巣をつくる。岩壁に激突しないように、下から体を投げ上げるようにして、速度を落とし着陸する。

# 飛ぶための工夫

空を飛ぶ生き物と飛べない生き物の体は、大きくちがいます。空を飛ぶ生き物は、飛ぶことに適した軽くてじょうぶな体と、翼を動かす強い筋肉をもっています。また、翼の素材や形は、生態と深く関わっており、生き物によってさまざまです。

## 軽くてじょうぶな体

軽い体は空を飛ぶことに適しており、空を飛ぶ生き物の体には軽量化の工夫がつまっています。例えば、鳥の骨は、骨の中が空洞になっています。そのため、人間の骨の重さが体重の約20％なのに対して、鳥の骨の重さは体重の約5％しかありません。また、昆虫の骨格は、鳥などのように体内に骨格をもつ「内骨格」ではなく、体の外側が骨格でおおわれた「外骨格」です。外骨格はクチクラとよばれる軽くてじょうぶな素材でできているため、内部のやわらかい組織を外敵や病原菌などから守ることもできます。

**鳥の骨の断面**
鳥の骨の中は筋交い状になって、軽くてじょうぶなつくりになっている。

**トビの全身骨格**
曲げる必要のない関節は、骨同士がくっついているため、人間より骨の数が少ない。「竜骨突起」とよばれる胸骨の出っ張りに、羽ばたきに必要な大きな筋肉がつく。

写真提供：我孫子市鳥の博物館

## 翼を動かす力強い筋肉

羽ばたいて飛ぶ生き物には、翼を動かす筋肉が必要です。鳥が羽ばたくときに主に使うのは胸の筋肉（胸筋）で、その重さが体重の20％以上になる鳥もいます。人間の胸筋は体重の1％ほどしかありません。一方、かむ筋肉など必要のない筋肉を減らして体を軽くしたり、大きな筋肉を体の中心に置いて飛ぶときにバランスをとりやすくするつくりになっています。

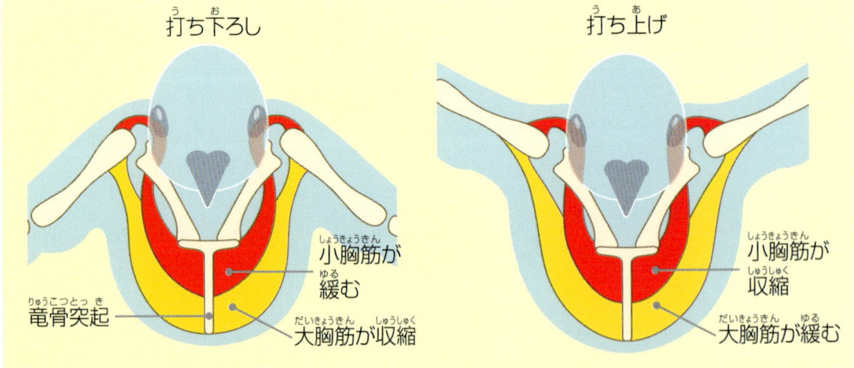


**鳥の胸筋** 翼の打ち下ろし（左）のときにはたらく大胸筋（黄色の部分）と、翼の打ち上げ（右）のときにはたらく小胸筋（赤色の部分）を交互に収縮させて羽ばたく。

## 翼の素材や形のいろいろ

上向きの力や前に進む力（推力）を生み出す翼は、空を飛ぶ生き物にとって重要なものです。翼を形づくるものは、生き物によってさまざまです。鳥の翼は羽（羽毛）でおおわれていますが、昆虫はうすい膜、コウモリは膜状の皮ふ（飛膜）でできています。また、翼の形は飛び方に合った形をしています。例えば、アホウドリは長距離の滑空に適した、翼幅が長く翼弦長の短い翼をもち、ムササビは木から木への滑空に適した正方形に近い形の翼をもっています。

写真提供：新潟県愛鳥センター紫雲寺さえずりの里

**鳥の翼** 羽が何枚も重なるようにして、翼を形づくっている。

©Steve Allen / Shutterstock.com

**ガラパゴスアホウドリ** 翼を広げた幅（翼幅）は230～240cm。

**トンボの翼** 軽くてうすい膜は、かたいクチクラの翅脈で補強されている。

**コウモリの翼** 首から腕、手指、後ろあしにかけてうすい皮ふの膜でおおわれている。

©Wassana Mathipikhai / Shutterstock.com

## 鳥の羽のつくり

鳥の翼をおおう主な羽は、骨から生える「風切羽」とその根元をおおう「雨覆羽」の2種類です。雨覆羽には空気の流れを整えるはたらきがあります。また、羽は羽軸から羽枝、羽枝から小羽枝に枝分かれしたつくりになっており、小羽枝が隣の羽枝の小羽枝に引っかかることで、羽がばらばらになることを防いでいます。何かの衝撃で小羽枝同士が外れても、くちばしですいて羽づくろいをすればすぐ元にもどすことができます。

小翼羽
小雨覆羽
初列雨覆羽
初列風切羽
中雨覆羽
大雨覆羽
次列風切羽

**翼の羽の名称** 羽ばたき翼では初列風切羽と初列雨覆羽は主に推力を生み出し、次列風切羽と大・中・小雨覆羽は主に揚力を生み出す。小翼羽は、空気の縦渦をつくって離着陸時の失速を防ぐ。

外側
内側

**初列風切羽** 羽の外側の羽枝は短く、内側が長いため、羽軸に対して左右非対称の形になる。飛べない鳥の風切羽は左右対称になっている。

写真提供：神戸どうぶつ王国

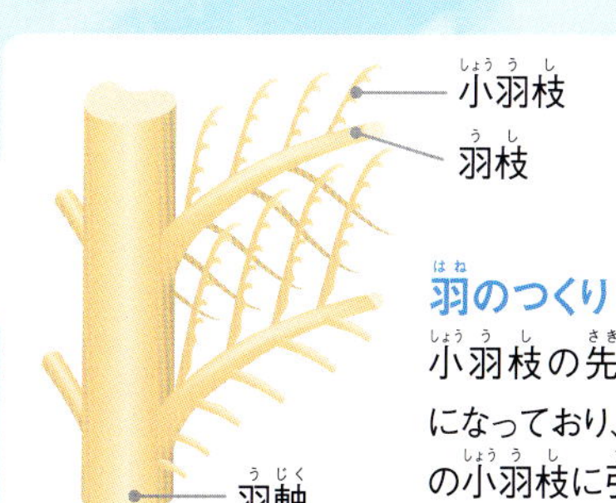


**羽のつくり** 小羽枝の先はフック状になっており、隣の羽枝の小羽枝に引っかかる。

# 空を飛んだ古代の生き物

生き物はいつから空を飛べるようになったのでしょう？　生命が誕生したのは、今から約38億年前の海の中です。長い年月の間にさまざまな生き物が誕生や絶滅をくり返し、海から陸へ、陸から空へと進出する生き物が現れました。

## 太古の空にまう植物の胞子

太古の時代、ほとんどの生き物が海の中にいたため、陸の上は競争相手のいない場所でした。しかし、体をうるおす水も体重を支える浮力もないため、陸の上で生きるには乾燥に強い体や体を支える器官が必要でした。そうした中、約4.7億年前に、最初に海から陸へ上がった生き物は胞子でふえるシダ植物の仲間です。上陸した植物は、胞子を風に乗せて飛ばしていたと考えられています。

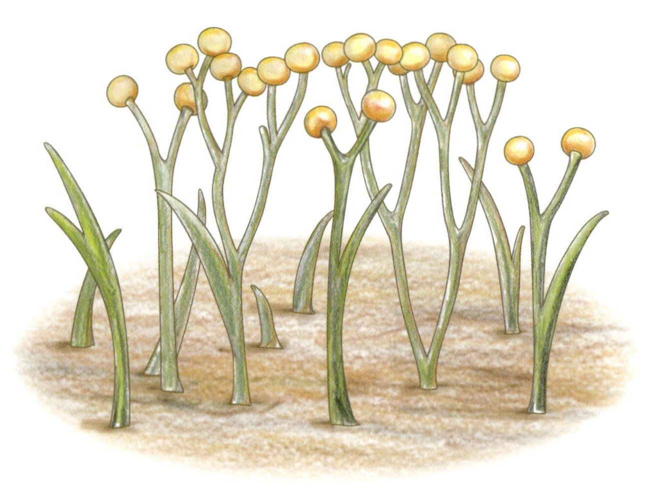

**クックソニア**　約4.2億年前にいた初期の陸生植物。形がわかるものとしては最古のもの。高さ1～5cmで、枝の先に胞子がつまった胞子のうをもつ。

## えらが翼の原形になった昆虫

約4.2億年前に、昆虫の祖先である節足動物が海から上陸し、その中から翼をもつ昆虫が現れます。約3.8億年前に脊椎動物（背骨のある動物）が上陸し、約3.5億年前に翼をもつ昆虫は脊椎動物からにげるようにして、空を飛ぶようになりました。昆虫の翼は、水中で呼吸をするためのえらが変化したものと考えられています。水中で効率よく呼吸をするために、えらを羽ばたかせたり、大きく発達させたりしたことで、翼の原形になったようです。

**メガネウラ**　約2.9億年前にいた巨大昆虫。はねを広げた幅は約70cm。はねが大きいので、現在のトンボのように4枚のはねを高速で自在に動かすことはできず、主に滑空して飛んでいたという。

画：梅田紀代志

## 空へ進出した脊椎動物

約1.9億年前、脊椎動物の中で最初に空を飛んだのは翼竜（空を飛ぶは虫類）で、その翼はコウモリと同じように膜状の皮ふ（飛膜）でできていました。約1.4億年前には、鳥のように羽（羽毛）でおおわれた翼をもつ恐竜が現れ、その中から空を飛ぶものが登場しました。そして、約6500万年前に起こった大量絶滅を生きのびた羽毛恐竜が、現代の鳥類へ進化していったと考えられています。また、ほ乳類が飛びはじめるのは約1.2億年前で、ムササビのように滑空していたと考えられています。コウモリのように羽ばたいて飛ぶほ乳類が現れるのは、約6500万年前の大量絶滅から1000万年以上も後のことです。

©Michael Rosskothen / Shutterstock.com

### プテロダクティルス

世界で最初に報告された約1.5億年前の小型の翼竜。翼を開いた大きさは約50cmで、尾が短く頭部が大きい。子どものころは昆虫を、大人になってからは魚を食べていたと考えられている。

©Michael Rosskothen / Shutterstock.com

### ランフォリンクス

約1.5億年前にいた小型翼竜で、翼を開いた大きさは約1m。空を飛ぶとき、長い尾でバランスをとっていたと考えられている。口からはみ出すほど長い歯で、魚などを食べていたという。

画：梅田紀代志

### 始祖鳥

現在発見されている中では最も古い鳥類の仲間で、約1.5億年前にいた。恐竜の特徴である、鋭いかぎ爪や歯をもつことから、羽毛恐竜から鳥類へと進化する途中の鳥とされる。

## 恐竜の翼は何のためにあった？

翼は、現代の鳥にとって空を飛ぶために必要なものですが、まだ空を飛んでいなかった翼をもつ恐竜にとって不要なものだったのでしょうか？　実は、繁殖のときに翼を広げて異性にアピールしたり、卵を翼で包んで温めたりするために使っていたとされています。ほかにも、えものをとらえるときの武器や、速く走るときにバランスをとるために使っていたなど、さまざまな説があります。

画：梅田紀代志

### 翼で卵を温めるオビラプトル

長い羽毛のある翼をもっていたが、体の割には小さく、卵やひなを温めるために用いたと考えられている。

コラム

# 空を飛べない鳥たち

鳥は敵から身を守り、時にはえものを求めて移動するために空を飛びます。しかし、世界には飛ぶことをやめた鳥が、約40種類います。飛べない鳥たちは長い時間をかけて、それぞれ独自の環境に適応した結果、飛ぶ能力を失いました。そしてその中には、空を飛べない代わりに別の能力を発達させたものがいます。

草原にすむダチョウやエミューは、鳥の中でも非常に大きな体と、太くてじょうぶなあしをもち、自動車と同じくらいの速さで走ることができます。これは、天敵だった恐竜が6500万年前に絶滅したことで、飛んでにげる必要がなくなり、長い距離をすばやく走れるなど、草原で有利になるような変化をとげたと考えられています。

また、海にすむペンギンや孤島にすむガラパゴスコバネウも、かつては空を飛んでいたと考えられています。しかし、空よりも海の中のほうがえものは豊富で、まわりに天敵がいなかったことから、海の中ですばやく効率的に泳げる体へと変化しました。

ほかにも、小さな島などにすむ飛べない鳥には、するどい嗅覚で土の中にいる昆虫をほり出して食べるキウイなど、独特の進化をとげたものが数多くいます。

### サバンナを走るダチョウ

アフリカの草原にすむ世界最大の鳥。全長2m以上、体重150kg以上になる。竜骨突起が退化している代わりに、あしの筋肉が発達しているため、時速60kmで約10分間も走ることができる。

### エミュー

オーストラリアにすみ、全長約2m、体重は40kg以上ある、世界で2番目に大きな鳥。時速50kmで走り、1日に40km以上移動することがある。矢印の部分は退化した翼で、現在は使われていない。

### 海中を泳ぐジェンツーペンギン

南極などにすみ、全長は約80cm。翼はフリッパーとよばれるひれ状に変化した。このフリッパーを水中で羽ばたかせてすばやく泳ぎ、魚などのえものをとる。深さ343m、約10分間も海中にもぐった記録がある。

### ガラパゴスコバネウ

南太平洋のガラパゴス諸島にすみ、全長約90cm。水中ではとてもすばやく泳ぐことができるが、陸上での動きはゆっくりしている。翼は防水ではないため、陸に上がるとぬれた翼を広げて日光でかわかす。

# 第2章

# 羽ばたいて飛ぶ

# 編隊をつくって飛ぶ鳥

日本では、秋になるとガンやカモ、ツル、ハクチョウなどの渡り鳥が北のシベリア方面から飛んできます。北極に近いロシアのシベリアでは、冬が近づくと、大地が凍りつき、鳥たちの主食となる小魚や虫などをとることができなくなるため、暖かい地方へと飛んでくるのです。渡り鳥のうちでも、大型の鳥たちは、かさ型の編隊をつくって飛んできます。そのわけを考えてみましょう。

## 前の鳥がつくる空気の渦

カモやツル、ハクチョウなどの大型の鳥が羽ばたいて空を飛ぶとき、左右の翼の周りには連続した空気の渦ができます。それらの渦の外側は上昇気流になっています。後ろの鳥たちはその上昇気流を利用して楽に飛ぶために、かさ型に並んで飛ぶのです。スズメのような小型の鳥も、羽ばたくと翼の周りに空気の渦ができますが、体が軽いので大型の鳥より楽に飛ぶことができ、短い距離しか飛ばないので、編隊を組む必要がありません。

**かさ型編隊飛行のしくみ**

かさ型に並んで飛ぶと、空気の渦がつくる上向きの風を利用することができる。

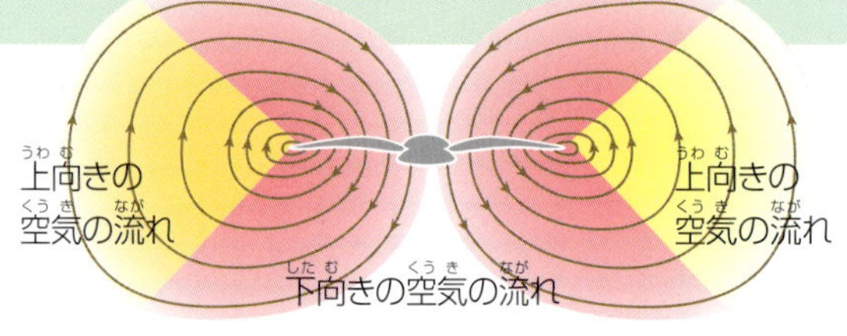


**飛ぶ鳥を正面から見た図** 翼の後方近くには下向きの空気が流れ（赤色の部分）、その外側には上向きの空気が流れて（黄色の部分）、空気の渦ができる。

**ハクチョウの渡り**

オオハクチョウやコハクチョウは、9〜10月に樺太（サハリン）やカムチャツカ半島を経由して繁殖地から越冬地の日本へわたり、4〜5月に繁殖地へもどっていく。

**かさ型編隊飛行するコハクチョウの群れ**

広い海を越えるときは、2000～3000km も飛び続けることがある。先頭を飛ぶ鳥は最もエネルギーを使うことになるので、ときどき後ろの鳥と先頭を交代しながら飛ぶ。

©Delmas Lehman / Shutterstock.com

## 北極圏と南極圏を往復する渡り鳥

キョクアジサシという鳥は、北半球が夏の間は北極圏で子育てし、それが終わると南極圏へわたり、翌年5月ごろ再び北極圏へもどることで知られています。北極圏から南極圏までの飛行距離は片道だけで約1万5000km に達します。北極圏と南極圏の間をおよそ1カ月で飛ぶとすると、1日に約500km も飛ぶことになります。

**キョクアジサシの渡りルート**

ヨーロッパ、アフリカ西海岸ルートと南北アメリカ西海岸ルートの2ルート（黄色の矢印）があることから、海岸や川などの地形を読みとりながら渡りをすると考えられている。

©Pi-Lens / Shutterstock.com

**キョクアジサシ** 全長約 35cm の小型の鳥で、北極圏と南極圏を行き来することから名づけられた。細長く、先端がとがった形の翼は、小さな抗力で大きな揚力が得られるため、長距離の渡りに向いている。

# 水面すれすれに飛ぶ鳥

ペリカンの仲間のカッショクペリカンは、魚をとってくらす大型の水鳥です。高さ十数ｍのところを飛んで魚をさがす一方、翼が水面に触れてしまいそうなほど、水面すれすれを飛ぶことがあります。大型で体の重い鳥が、どうして低空を飛び続けるのでしょうか。

## 地面効果でエネルギーを節約

体の重い鳥ほど、空中を飛び続けるには大きなエネルギーを必要とします。ペリカンやハクチョウなどの大型の水鳥は、エネルギーを節約するために、高度が十分にあるときは編隊飛行（→ P.22）をしますが、高度が低いときは「地面効果（水面効果）」を利用します。地面効果は高度が翼を広げた幅の長さより低いときによくはたらくため、水面すれすれを飛びます。

**低空を飛ぶカッショクペリカン**

ペリカンの中では小型のほうだが、翼を広げた幅は 2.5m にもなる。飛行中は、首や足をおりたたんで、空気の抵抗を少なくしている。

**低空を飛ぶハクチョウ**

体重が重いハクチョウは、羽ばたき飛行の間に滑空で飛んだり、水面すれすれを飛んで地面効果を利用したり、編隊を組んだりして、エネルギーを節約した飛び方をする。

## 地面効果のしくみ

翼で押し下げられた空気は、通常後方の下へ流れますが、水面があるときは左右や後方へと広がります。これは理論上、水面をはさんで上下逆さまに同じ鳥が飛んでいることと同じ状態になります。逆さになった鳥のふき下ろしは、実際の鳥にとってふき上げになるため、楽に飛ぶことができるのです。また、地面効果は、水面だけでなく地面でも同じようにはたらきます。

### 地面効果を利用したペリカンの飛び方

理論上、水面上にいる実際の鳥は、水面下の上下逆さまに飛ぶ鳥のふき下ろし、つまりふき上げの中を飛んでいる。

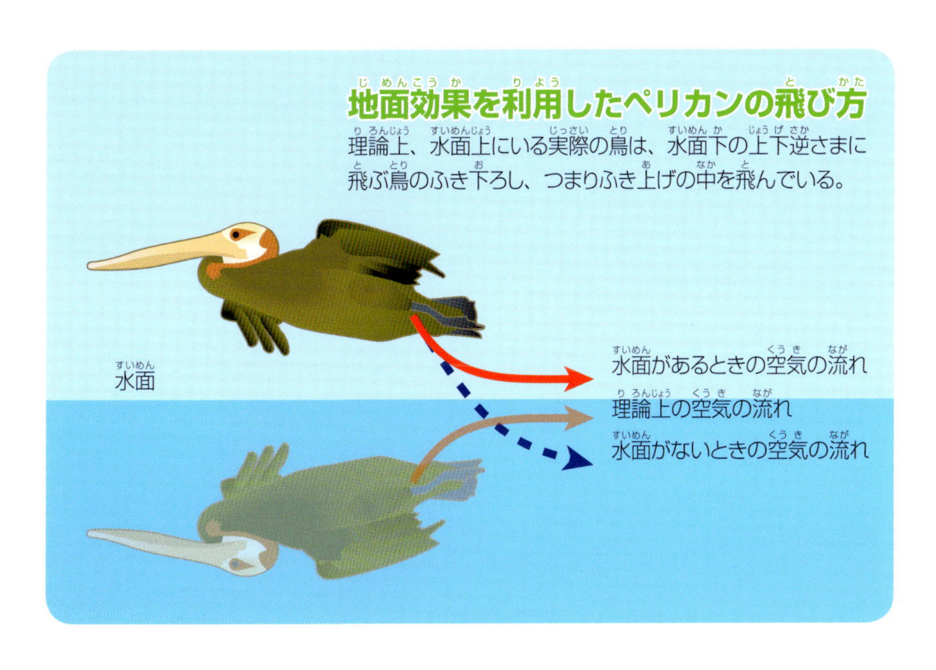

### 水中に飛びこむカッショクペリカン

十数mもの高いところから水中に飛びこんで、頭やくちばしを入れて魚をとる。下くちばしはのび縮みするふくろのようになっていて、水ごと魚をすくいとり、くちばしのすき間から水だけはき出すつくりになっている。

## 地面効果で水上を走る乗り物

ホバークラフトは、地面や雪の上だけでなく、水の上もしずまずに走ることができる乗り物です。この乗り物にも、「地面効果」が取り入れられています。空気を船体の上から取りこみ、船体の下の水面などに強くふきつけると、空気が船体と水面の間で圧縮されます。圧縮された空気が、船体を押し上げながら外へ流れ出ていくというものです。また、ホバークラフトの船体の周りにはスカートとよばれるゴムなどでできた壁があり、圧縮された空気を外ににげにくくする工夫がされています。

**水の上を走るホバークラフト** 後ろ向きについたプロペラで推力を生み出して前に進む。圧縮された空気で船体がわずかにういているため、水の抵抗を受けずに高速で航行できる。

# 空中に停止して飛ぶ鳥

ハチドリは、南北アメリカの熱帯や亜熱帯の森林にすむ小型の鳥の仲間で、花の蜜や昆虫を食べてくらしています。この鳥の仲間はあしが短く、木の枝にとまる以外は歩いたりはねたりすることはありません。空中を飛びながら花の蜜を吸い、昆虫をついばみます。そんな飛び方ができるわけを考えてみましょう。

## 空中で羽ばたきながら蜜を吸う

空中に停止したまま飛び続けることを「停空飛行」(ホバリング)といいます。ハチドリの仲間は、空中で翼の表と裏を順に上にして、翼で横８の字をえがくように羽ばたきます。こうした飛び方では、翼で空気を常に押し下げることができるので体に上向きの力(揚力)は発生しますが、空気を後ろに押しのけることがないので前に進む力(推力)が発生しません。そのため、空中で前進も後退もせずに飛び続けることができるのです。

打ち上げ

打ち下ろし

### ハチドリの羽ばたき方

翼で横8の字をえがくように羽ばたくと、打ち下ろしでは、翼の表面(背面)が上、打ち上げでは翼の裏面が上になるように羽ばたく。

### ハチドリの骨のつくり

ハチドリ(左)はほかの鳥(右)と比べて、翼を動かす胸筋がつく胸の竜骨突起が大きく、翼の付け根にある腕の部分(赤色)の骨が短い。こうしたことから、ハチドリの骨は、主に手の部分(水色)のみからなる外翼をすばやく動かすのに適したつくりになっていることがわかる。

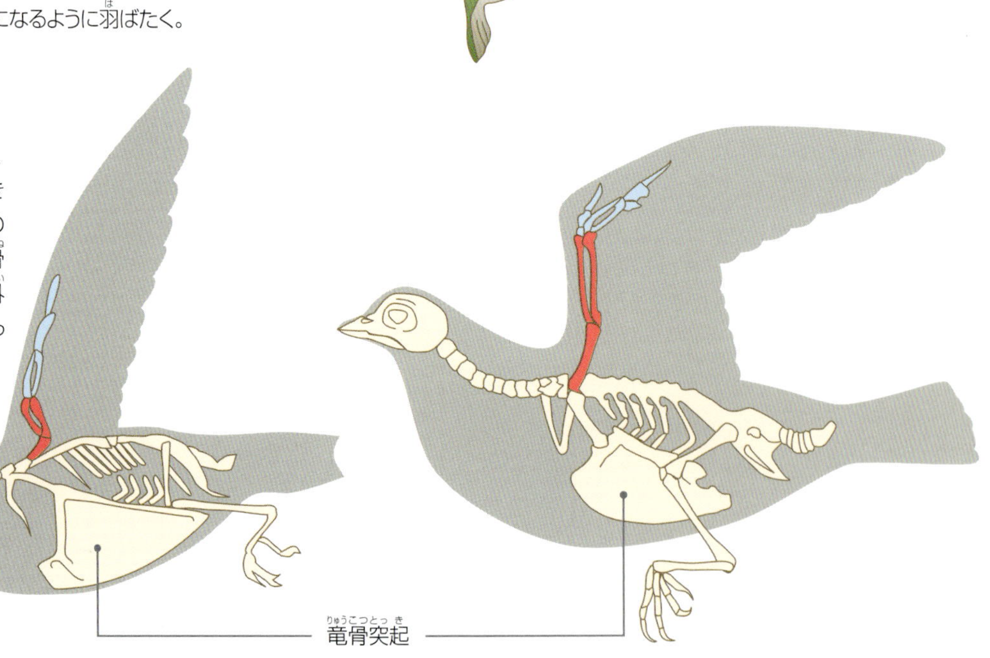

## 停空飛行をするハチドリ

1秒間に 40 ～ 60 回も羽ばたきながら、花の蜜を吸うとともに、花の受粉を助ける。蜜は栄養分に富み、ハチドリの活動のエネルギー源となる。



### 花の蜜を吸う舌のしくみ

くちばしから溝のある細長い舌をのばして、ブラシのような舌の先で蜜を集め、溝をストローのように使って蜜を吸いとる。

## ハチドリとちがう停空飛行をする鳥

ハチドリの仲間は、翼の表と裏を順に上側にして停空飛行するのに対して、ヒタキやシジュウカラの仲間は、翼の表が常に上側になります。そのため、翼を折りたたむようにして打ち上げ、翼にかかる空気抵抗を減らしています。

**シジュウカラの羽ばたき方**

翼を打ち下ろすときに揚力が発生するが、打ち上げるときには翼を折りたたんで上げるので、空気抵抗を最小限におさえて停空飛行をすることができる。

# 空中を高速で飛ぶ鳥

世界各地の熱帯にすむアマツバメの仲間は、翼が細長く、高速で飛ぶことで知られています。なかでも、ハリオアマツバメは、全長 23cm と仲間のうちでは最大で、飛ぶ速さも時速 170km で鳥の中では最速です。どうして、こんなに速く飛ぶことができるのでしょうか。

## 高速で羽ばたくアマツバメ

鳥は、翼の外側（外翼）で主に推力を生み出し、翼の内側（内翼）で主に揚力を生み出します。アマツバメの翼は、外側にある手の骨が長くじょうぶにできているため、力強く推力を生み出すことができるのです。また、翼を打ち上げるとき、低速で飛ぶ場合には空気の抵抗を少なくするために翼をたたみますが、高速で飛ぶ場合には翼をのばします。こうすることで、翼の打ち上げのときにも、推力を生み出すことができます。

**夕日を受けて飛ぶアマツバメの仲間**

アマツバメの仲間で最大のものは全長約 23cm のハリオアマツバメ。ハリオアマツバメはニューギニア、オーストラリア、ニュージーランドなどにすみ、夏には日本の本州中部より北へわたってくる。

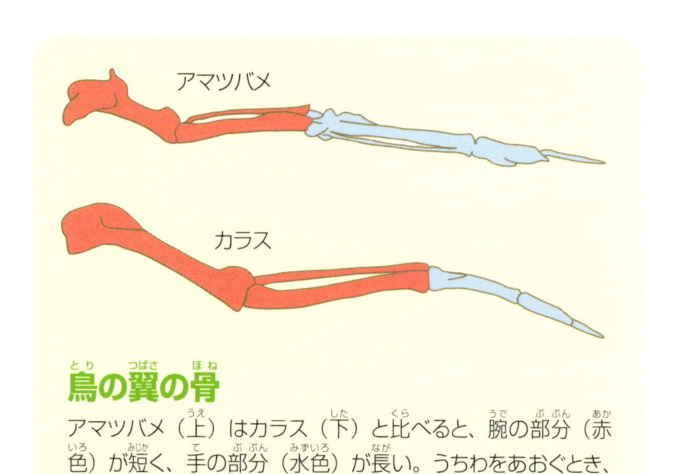


**鳥の翼の骨**

アマツバメ（上）はカラス（下）と比べると、腕の部分（赤色）が短く、手の部分（水色）が長い。うちわをあおぐとき、柄を短くもったほうが速くあおげることからもわかるように、腕が短いほうが高速の羽ばたきに適している。

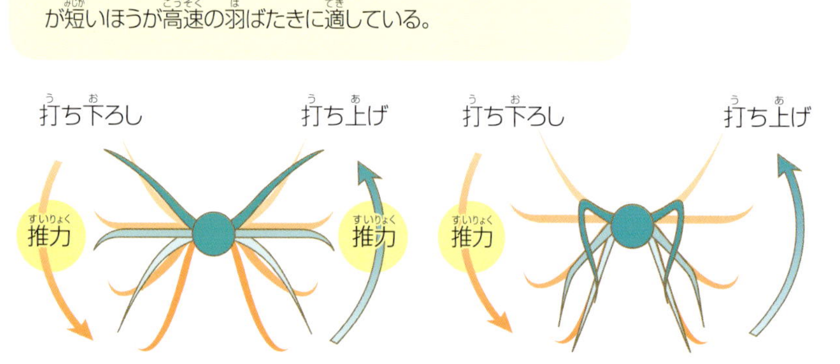


**高速飛行（左）と低速飛行（右）の羽ばたきのちがい**

打ち下ろしのときは、高速飛行時も低速飛行時も翼をのばし、推力を生み出す。打ち上げのときは、低速飛行の場合には翼をたたんで推力を生み出さないが、高速飛行の場合には翼をのばして連続した推力を生み出す。

**あしの爪で木にとまるアマツバメ**

鳥のあしの指は、普通3本が前向きで、1本が後ろ向きだが、アマツバメのあしは4本とも前向きなので、するどい爪で岩や木にしがみつくように着陸する。

©Danshutter / Shutterstock.com

## 高速飛行に適した翼の形

　アマツバメの仲間の翼は、とても細長く、先のとがった三日月形です。空中で翼を折りたたんだり広げたりして、さえぎるもののない広い空間を高速飛行や長距離飛行などに最適な翼の形に変えて飛ぶことができます。また、高速飛行中の旋回は肩にとても大きな負担がかかりますが、空気抵抗の少ない三日月形の翼のおかげで、肩への負担が軽くなっています。

**アマツバメの翼の形**

翼を広げたりたたんだりして、翼幅や翼弦長を変化させ、いろいろな飛行に適した翼の形にできる。翼を広げるほど滞空時間が長くなり、長距離飛行に適する（上）。翼をたたむほど空気抵抗が小さくなり、高速飛行に適する（下）。その中間のような翼の形では、滞空時間や空気抵抗のバランスをとることで飛距離をのばすことができる（中）。

**すばやく水を飲んで上昇するハリオアマツバメ**　水面すれすれを飛びながら、くちばしを水の中に差し入れて水を飲み、すばやく上空へと飛び上がる。

©feathercollector / Shutterstock.com

## アマツバメとカジキの共通点

　空中を最速で飛ぶ鳥はハリオアマツバメですが、水中を最速で泳ぐ生き物はバショウカジキです。泳ぐ速さは時速 160km にもなるといわれ、三日月形の尾びれを左右に動かし、前に進む力（推力）を生み出します。この尾びれには、三日月形の翼が空気の揚力と抗力との比（揚抗比）を大きくし、小さな抗力で大きな揚力が得られるのと同じ機能があります。空と海とで場所はちがいますが、この機能が広い空間を長距離、高速移動することを可能にしているのです。

©keruko / Shutterstock.com

**空中に飛び出したバショウカジキ**　全長 2.5m で、上あごが前につき出している。高速遊泳するマグロの仲間も三日月形の尾びれをもつ。

# 音を立てずに羽ばたく鳥

フクロウの仲間は、夜に活動するものが多く、夜行性のネズミや小鳥などを主食としています。えものをとるときは、暗やみの中で動物たちの立てる音をたよりに音もなくえものに飛びかかり、かぎ形の鋭いくちばしやあしの爪でとらえます。なぜ、暗やみの中でもえもののいる場所を知り、音を立てずに飛んでつかまえることができるのでしょうか。

## えものの居場所を音で聞き分ける

夜に狩りをするフクロウは、高い視力に加えて、音を手がかりにえものの位置を知ることができます。フクロウは顔に対してとても大きな耳をもっていますが、人間とちがい耳たぶがありません。代わりに、顔の周りにあるやわらかい羽毛の下には、かたい羽毛がくぼみをつくっています。このくぼみが周りの音を耳まで集めることで、小さな物音ものがさず聞くことができます。

**メンフクロウの顔**

メンフクロウの耳穴は、左のほうが右より少し上にある。上のほうからの音は右耳のほうが強く感じ、下のほうからの音は左耳のほうが強く感じる。

©Philip Ellard / Shutterstock.com

画：梅田紀代志

**えものに飛びかかるシマフクロウ**

夜のわずかな光の中でも、えものを見分ける高い視力をもち、鋭いくちばしやあしの爪でえものをとらえる。

## 羽ばたく音を消す風切羽

フクロウの仲間の初列風切羽は、羽の外側のふちが、くしの歯のように細かく分かれています。また、その後ろ側につく後縁部の羽毛は、なめらかでやわらかいつくりになっています。それらの羽毛が消音効果を生むため、フクロウの仲間は、羽ばたいてもほとんど音が出ないのです。

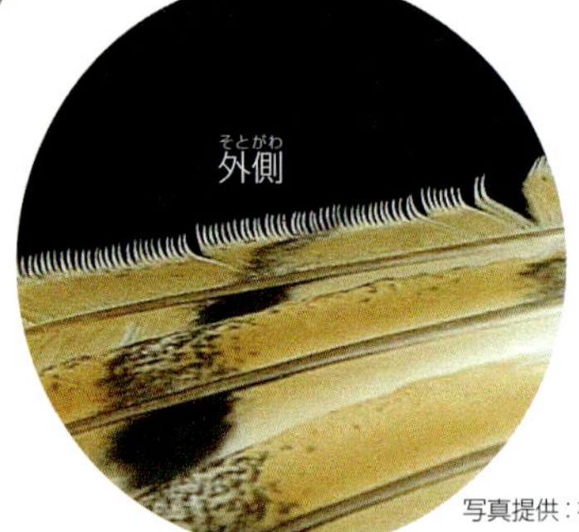


**メンフクロウの羽毛**

羽の周囲には、繊毛とよばれる細かな毛がびっしりと並び、表面はなめらかでやわらかくなっているので、羽ばたいても大きな音が出ない。

写真提供：神戸どうぶつ王国

**メンフクロウ**
夜行性で視覚や聴覚にすぐれている。えものの音を聞くと、静かに羽ばたいて一気にとらえる。



## 新幹線のパンタグラフの消音装置

フクロウの羽ばたき音を消すしくみは、500系新幹線のパンタグラフに取り入れられています。それまでの新幹線のパンタグラフは、時速200kmをこえると、風切音が大きくなるという欠点がありました。そこで、フクロウの羽をヒントにして側面にぎざぎざのついたパンタグラフが考案されました。

**500系新幹線**
1997年から運用を開始した新幹線。最高時速300kmは当時の世界最速だった。
写真提供：西日本旅客鉄道（株）

**500系新幹線のパンタグラフ**　前からの空気を受け流す円形の筒の側面にぎざぎざをつけることで、風切音を小さくすることに成功した。
写真提供：西日本旅客鉄道（株）

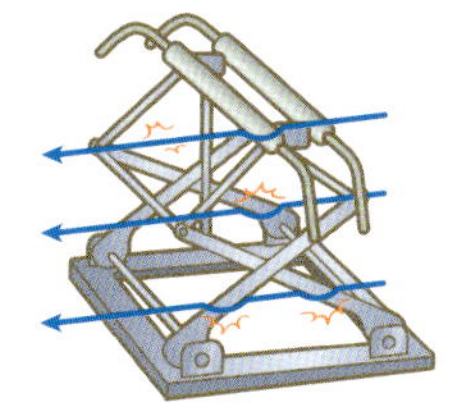

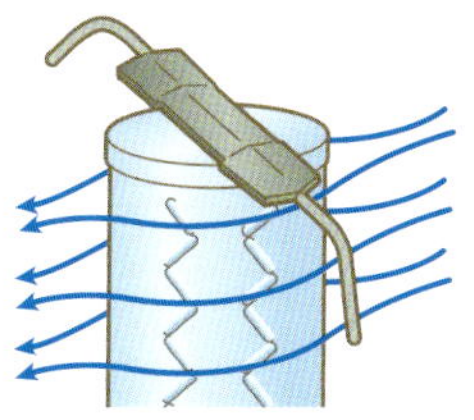

**パンタグラフの消音のしくみ**　鉄棒に当たる空気が大きな渦をつくり、音を出していたが（左）、形を工夫して渦を小さくし、人には聞こえない音を出すことで（右）、騒音の発生を防いだ。

# 4枚ばねで自由に飛ぶ昆虫

トンボの成虫は、池や沼などの水辺や林の中を飛び回り、カやハエなどをさがしてつかまえます。林の中には木や枝が茂っていますが、トンボは急に向きを変えたり飛び上がったりして、たくみにそれらをさけて飛び続けます。どうして自由に飛ぶことができるのでしょうか。

**公園を飛ぶオニヤンマ**

オニヤンマは日本で最も大きなトンボで、体長は約10cm。黄色と黒のしま模様が特徴で、水辺の近くなどの決まったコースを一定の速度で往復する。

## 大きな複眼でえものを見つける

昆虫の仲間は、いくつもの小さな個眼が集まってできた複眼をもっています。トンボの複眼はとくに大きくて丸いことから、空中を飛びながら、地上や空中を動き回るえものを見つけることができます。また、複眼の上半分で遠くを、下半分で近くを見分けているといわれています。

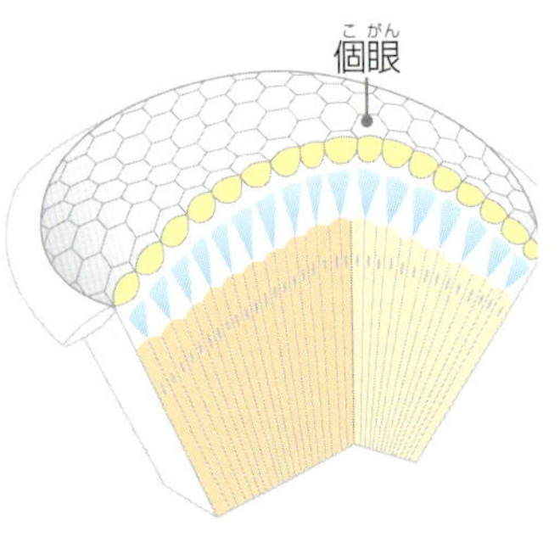


**トンボの複眼**

1つひとつの個眼で見た風景の一部を組み合わせて、複眼全体で広い範囲を見ることができる。

**オニヤンマの複眼**

約1〜3万個の個眼が集まった緑色の複眼。複眼の間にある3つの突起は単眼といい、明るさを感知する役割がある。

## トンボが自由に飛べるわけ

昆虫は、はねをてこの原理で動かしていますが、チョウとトンボでははねや筋肉のつき方がちがいます。チョウのはねは胸の外骨格につき、外骨格の背板を筋肉で上下させると、はねが動いて飛ぶしくみになっています。一方、トンボの場合には、前ばねと後ろばねに直接筋肉がつき、別々に動かすことができます。そのため、飛ぶ速さや向きを変えたり、空中に止まって羽ばたいたりと、自由に飛ぶことができるのです。

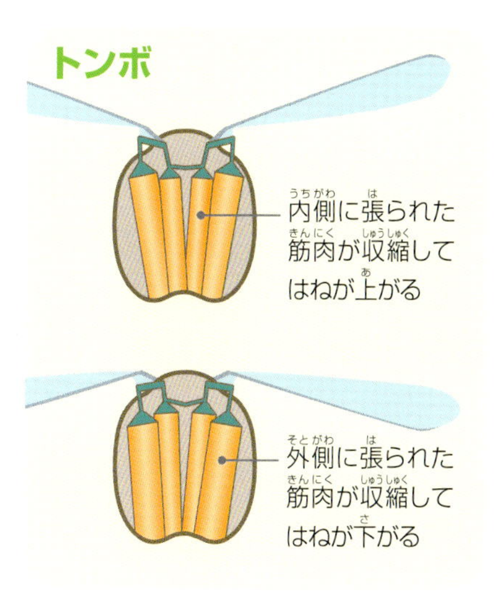


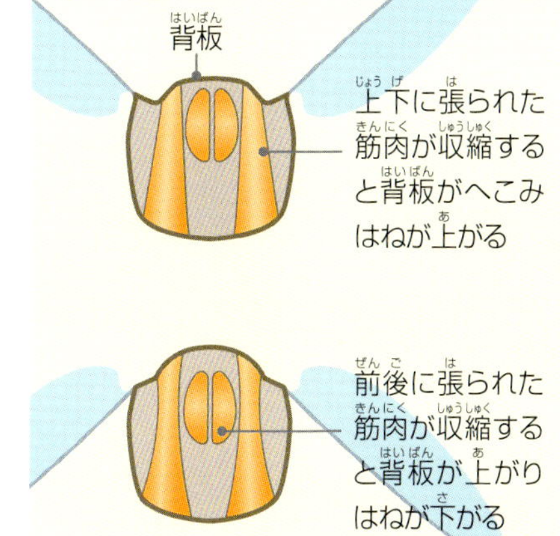


**昆虫の胸の断面図**
トンボ（左）は、4枚のはねが胸の筋肉と直接つながっていて、それぞれ別々に動かすことができるようになっている。一方、ハエやハチ、チョウなどの昆虫（右）は、上下と前後に張られた筋肉で胸の外骨格の背板を動かして、間接的にはねを動かす。

## ぎざぎざのあるはねで飛ぶ

体の小さいトンボにとって、空気の抵抗は大きく、とても粘っこいものに感じられます。空気が流れていくとき、障害物があるとその後ろに渦ができますが、トンボはこの渦を利用して空気の抵抗を減らします。ぎざぎざのあるはねにできた小さな渦が、空気の流れを整えてくれるのです。

**トンボのはねにはたらく空気の流れ** はねの表面にできた小さな渦が、転（車輪）のようにはたらき、その外側の空気をなめらかに後方へ流す手助けをしている。写真はトンボのはねの断面を見たもの。

## トンボのはねをまねた小型模型機

現在、トンボのようなぎざぎざのある翼をもつ小型模型機が開発されています。トンボ型小型模型機は、前の翼に取り付けた２つのプロペラを動かし、リモコンで空中を自由に飛ばすというものです。完成すると、カメラを取り付けて災害現場や野生動物のすみかなど、人が入りにくい場所に入ってようすを撮影できるようになると期待されています。

**トンボ型小型模型機**
風がふく中で行われた試験飛行でも、安定した飛行に成功した。

# 大きなはねでひらひら飛ぶ昆虫

春や秋には、さまざまなチョウが花だんや野原などをはねを開いたり閉じたりしながら飛び回り、花の蜜を吸う姿をよく目にします。チョウのはねは、昆虫の中でも大きいのですが、アゲハチョウの仲間のはねは、とくに大きく、羽ばたく回数も多くありません。その秘密は、チョウが飛ぶときのはねの動きにあります。では、チョウの仲間は、どのようにして飛ぶのでしょうか。

## チョウがひらひらと飛ぶわけ

トンボのはねは細長く、翼幅が翼弦長の10倍以上の長さになりますが、チョウのはねは翼幅が翼弦長の2倍もありません。このような翼は、体を起こすなど進む方向に対して翼のかたむき（迎角）を大きくしても失速しづらく、大きく羽ばたいて体が上下に大きく動いても安定して飛ぶことができます。また、体が上下に大きく動くことにくわえて、翼を動かす速さがほかの昆虫と比べておそいので、チョウはひらひら飛んでいるように見えるのです。

**花にとまるキアゲハ**

羽ばたきの回数は、ゆっくりと羽ばたくチョウでは1秒間に10回ほどだが、すばやく羽ばたくハチやハエは1秒間に100回以上になる。

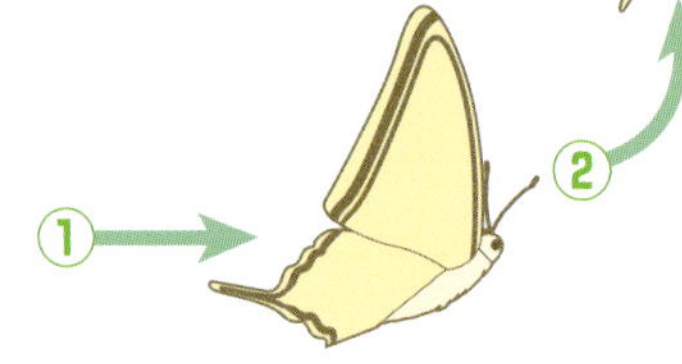


**チョウが飛ぶしくみ**

①はねを閉じると、空気が主に後ろ側へ送られて推力を出し、少し降下しながら前に進む。②はねを開いて空気を下へ押すと、はねの上側の気圧が下がって揚力がまし、上昇する。これをくり返して大きなはねでひらひらと飛ぶ。

**アゲハチョウのおすとめす**
腹部の先端に割れ目があるのがおすで、割れ目がなく丸くなっているのがめす。もようはほとんど同じ。

## 折りたたみ式のはねをもつ昆虫

チョウやガの仲間は、前ばねと後ろばねを同時に動かして飛びますが、かたい前ばねとやわらかい後ろばねをもつカブトムシやテントウムシなど甲虫の仲間は、後ろばねだけで飛びます。ふだんは前ばねの下に後ろばねを折りたたんでしまっておき、飛ぶときだけ前ばねを開いて後ろばねで羽ばたいて飛ぶのです。

**テントウムシの飛び方**　地面からのびた棒や草の先端に上り（左）、前ばねを開いて後ろばねを羽ばたかせて空中に飛び立つ（右）。

画：梅田紀代志

# 2枚のはねで自在に飛ぶ昆虫

春から夏にかけて暖かい日が続くようになると、家の周りや野山では、さまざまな種類のハエが現れ、食べ物や生ごみ、ふんなどの周りを飛び回るようになります。ハエたたきで退治しようとしても、するりと飛んでにげていってしまいます。ハエの仲間は、どうしてすばやく飛ぶことができるのでしょうか。

## 平均こんでバランスをとって飛ぶ

ハエの仲間は2枚の前ばねで羽ばたいて飛び回りますが、その後ろ側には後ろばねが退化して小さくなった「平均こん」とよばれる器官をもっています。平均こんを取り除くと、うまく飛べなくなることから、ハエの仲間は、「平均こん」を使って体のバランスをとりながら飛んでいると考えられています。また、アブやカ、ガガンボの仲間も、ハエと同じように2枚のはねと平均こんを使って空中を飛んでいます。

平均こん

**ハエの平均こん**
前ばねの後ろ側にある棒状で先のふくらんだ器官。飛行中の体の回転する速さ（角速度）を感じ取る。

©Sarah2 / Shutterstock.com

## ハエたたきをかわすハエの技

うるさく飛び回るハエをたたき落とそうとしても、なかなか成功しません。それは、ハエが羽ばたきのリズムをわずかに変えるだけで、一瞬のうちに体を前後左右に回転させて飛び去ることができるからです。こうしたハエの方向転換能力を研究して、自分で障害物をさけることのできる超小型羽ばたき式模型機の開発が進められています。

**ハエの方向転換**　左右のはねの羽ばたく角度を一瞬のうちに変えて、ほぼ直角に方向転換していることがわかる。

## 体の回転を感知する平均こん

ハエなどがもつ平均こんには、回転する速さ（角速度）を感知するセンサーの役割があることがわかっています。バランスをくずして体が回転し始めるとき、回転の勢いでその付け根に平均こんを曲げようとする力がはたらきます。平均こんにかかる力をすばやく感知し、回転する速さ（角速度）を知り、すぐに回転をおさえる飛び方に変えることができます。こうすることで、安定して空中を自在に飛び回ることができるのです。

**ガガンボ**

長いあしをもち、形はカに似ているが、血を吸うことはない。カよりもひとまわり大きく、足をふくまない体長は4cm以上になるものもいる。

**ヒラタアブ**

花の蜜や花粉を食べるアブの一種。空中で停空飛行したり、急に飛ぶ方向を変えたりすることができる。

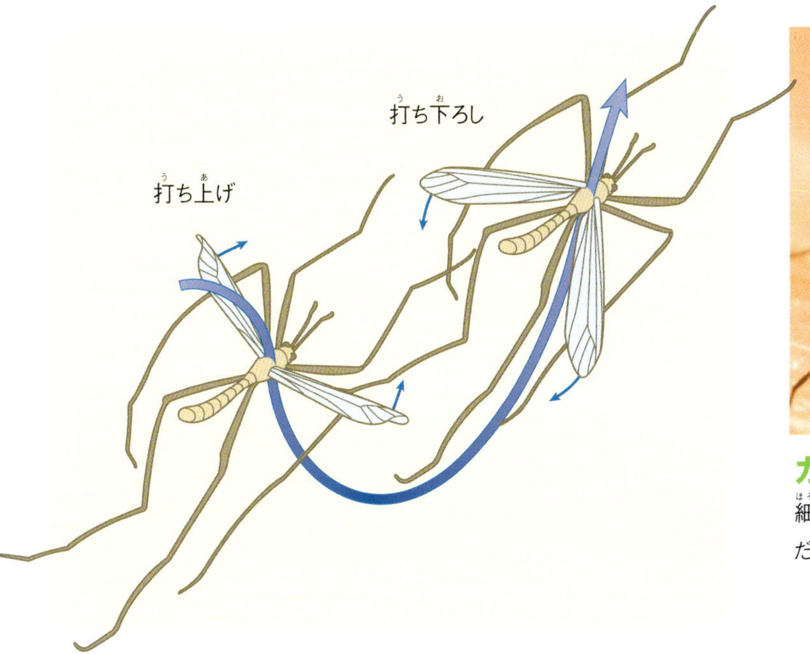


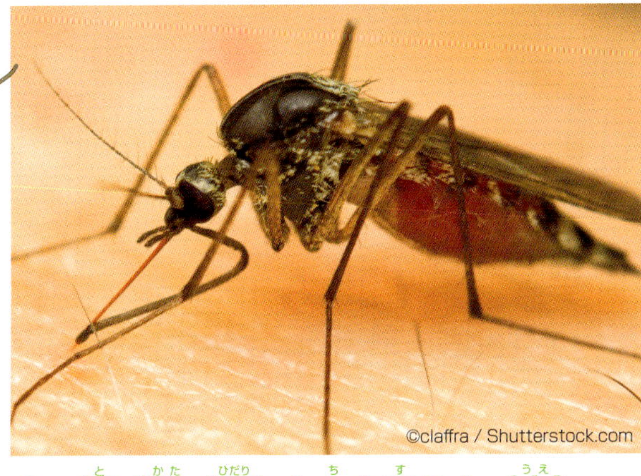


**カの飛び方（左）と血を吸うカ（上）**

細長いはねを羽ばたかせて、たくみに飛ぶ。血を吸うのは、めすだけで、産卵のための栄養分として吸う。

# 羽ばたいて飛ぶほ乳類

小型のコウモリの仲間は、昼間は洞くつや木の穴などにかくれていますが、夜になると鳥のように空を飛び回り、昆虫などをつかまえて食べます。腕の骨から手の指先の骨にかけてのびる皮ふの膜をもち、それを翼にして空中を自由に飛ぶのです。では、小型のコウモリの仲間は、どのようにして暗い夜空を飛び、えものをつかまえるのでしょうか。

写真提供：福井市自然史博物館

### 空を飛ぶキクガシラコウモリ

あしの力が弱く、昼の間は洞くつの天井や高い木の穴にぶらさがって休んでいる（左）。夜に飛び立つときには、いったん空中に落ちるように飛び出してから、羽ばたいて空にまい上がる（下）。

写真提供：東洋蝙蝠研究所

## 腕と手指の膜を使い分ける

コウモリの仲間は、体重の割には大きな翼をもち、翼の膜を支える腕や指の骨も大変長く、空を飛ぶのに適した体のつくりになっています。翼で羽ばたくときには、腕から後ろあしまでの間にある側膜で主に上向きの力（揚力）を得、手指の間の手膜で前に進む力（推力）を得るしくみになっています。

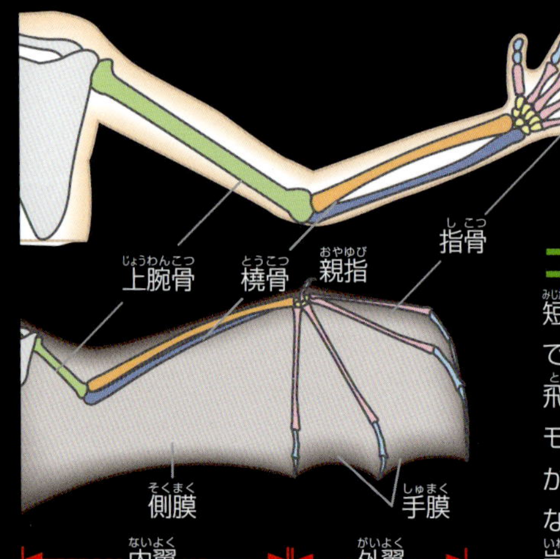


### コウモリの翼のつくり

短い上腕骨を回転させ、長い指骨で手膜を支えて羽ばたき、空中を飛ぶ。人間（上）と比べて、コウモリの指の骨（下）は、人差し指から小指までがとても長い。小さな親指にはかぎ爪がついており、岩につかまるときなどに使う。

### ウサギコウモリの羽ばたき方

翼を打ち下ろすときは後ろあしを後方にのばして、翼で空気を下へ押さえこみ、打ち上げるときは手指の膜を折りたたんで、空気の抵抗をさけるようになっていることがわかる。

## 超音波で狩りをするコウモリ

コウモリの目は、大変小さくて、暗やみの中ではほとんど役に立ちません。その代わり、鼻や口から人間の耳には聞こえない音（超音波）を出して、反射してきた音を耳で聞いて周りのようすを調べます。空中のえものをさがすときも、反射してきた超音波でえもののいる場所やその動きを知ります。

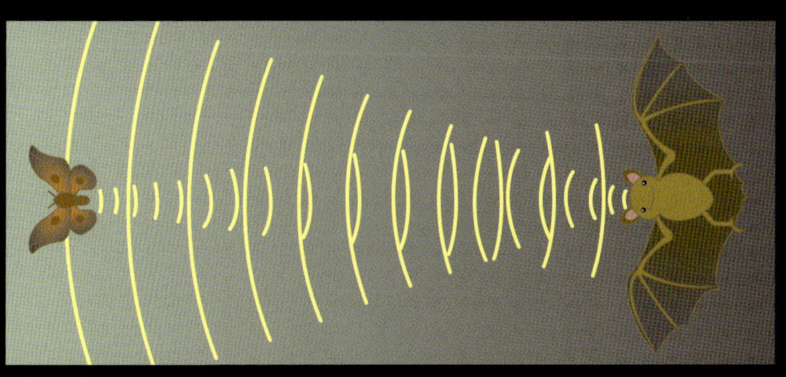

**超音波でガを見つけるコウモリ**

えものを見つけたときは、鼻や口から短い間隔で超音波を出してえものの正確な位置や速度を知り、飛びながらえものを追いかけてつかまえる。

## 飛ぶのに適したコウモリのひざ

コウモリは、羽ばたいて飛ぶことができる唯一のほ乳類とされています。モモンガやムササビも滑空はしますが、羽ばたいて飛ぶことはありません。それは、コウモリの後ろあしのひざの曲がる向きに理由があります。ほ乳類の後ろあしのひざは、ふつう前側に曲がりますが、コウモリの場合には、後ろ側に曲がります。コウモリが翼を打ち下ろすとき、後ろあしを使って側膜を支えますが、ひざが前に曲がると、強い風がふいたときに側膜を支えきれなくなり、うまく飛べなくなるからです。

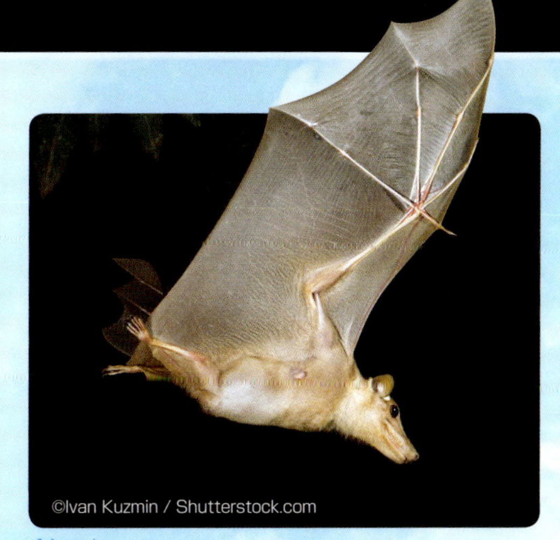



**空を飛ぶガンビアケンショウコウモリ**

あしのひざを後ろに曲げ、あしと尾の間にある飛膜を丸めて、えものをとることもある。

コラム

# 飛ぶ以外にも翼を使う鳥

鳥は空を飛ぶために翼を進化させてきました。しかし、その翼は飛ぶこと以外にも、鳥の生活のいろいろな場面で活用されています。自分の気持ちを相手に伝えるために翼を使う鳥や、中には、翼を楽器や道具として使う鳥もいます。

鳥は恋をしたときや危険を感じたときに、色とりどりの翼を大きく広げます。これはディスプレイといって、相手に自分の気持ちを伝えようとする行動です。タンチョウのディスプレイは「ツルの舞」ともよばれ、翼を広げて踊ります。上手に踊ったタンチョウは、相手とより親密になることができるのです。また、ジャノメドリは敵が近づくと、ヘビの目のような模様が入った翼を広げ、敵を威かくします。こうすることで、相手に自分が大きな生き物だと思わせることができるのです。

また、翼を道具のように使う鳥には、マイコドリやクロコサギがいます。マイコドリのオスは求愛のときに、翼と翼をこすり合わせることで、楽器のように音を鳴らします。クロコサギは、水面で翼をかさのように広げて影をつくり、そこに入る魚をとらえます。魚は暗い場所へにげる習性があるため、クロコサギのつくった影の中に集まってくるのです。

**タンチョウの「ツルの舞」**

タンチョウは東アジアに多く、日本では北海道東部にすむ。全長は約 1m50cm で、翼を広げた幅は2m 以上になる。求愛のときには、おすとめすが互いに向かい合い、翼を広げて踊る。

©Eric Isselee / Shutterstock.com

**翼を広げて威かくするジャノメドリ**

南アメリカの熱帯雨林にある水辺にすみ、全長は約 45cm。長くするどいくちばしで、小魚や昆虫をつきさして食べる。威かくだけでなく、求愛のときにも同じポーズをとって、異性に自分をアピールする。

**翼をこすって音を鳴らすマイコドリ**

南アメリカの熱帯雨林にすみ、全長は約10cm。おすが奏でる「チッチッ、ピー」という音によって、めすの気をひくことができる。

©Dave Montreuil / Shutterstock.com

**翼を利用して狩りをするクロコサギ**

アフリカのサハラ砂漠より南にある水辺にすみ、全長は約50cm。魚が物かげにかくれる習性を利用して、翼でつくった影にえものがくるのを待ってとらえる。また、翼の影で水面の光の反射をおさえて、魚を見つけやすくしている。

# 第3章

# 羽ばたかずに飛ぶ

# 上昇気流に乗って空をまう鳥

ワシやタカの仲間は、上空や高い木の上から地上のウサギやネズミ、ヘビなどをさがし、急降下してかぎ形の鋭い爪やくちばしでとらえます。これらの鳥は、羽ばたかなくても上空を飛び回ることができます。どうして、ワシやタカの仲間は、羽ばたかなくても空を飛べるのでしょうか。

## 羽ばたかずに飛べるわけ

ワシやタカの翼は、体の割には面積が広く、前下方からの空気を受けやすいつくりになっています。風がまったくない状態で滑空したとき、同じ体重で翼の面積が小さい鳥に比べて、高度の下がり方がとてもゆっくりになります。そのため、わずかな上昇気流を利用して、ほとんど高度を下げることなく飛ぶことができるのです。また、強い上昇気流に乗って、空高くまい上がることもできます。

### 海岸を飛び回るトビの群れ

トビはワシやタカの仲間で、上昇気流の発生しやすい海岸に集まることが多い。上昇気流のふき上げる上空で輪をえがくように飛んで魚やネズミなどをさがす。

**オオワシ**

ロシアのオホーツク海沿岸から北海道の知床半島へやってくる。

## 上昇気流のできかた

空気には、温められると軽くなって上昇し、冷やされると重くなって下降する性質があります。太陽の光で温められた地面や海水の出す熱で、空気が温められて軽くなると、昼でも夜でも上昇気流が発生します。また、風が山やがけの斜面をふき上がるときにも上昇気流が発生します。

## 谷間を飛ぶハクトウワシ

ワシやタカの仲間は、気温の高い谷底から気温の低い谷の上へふき上げる上昇気流を利用して帆翔する。



## 翼の先が分かれているわけ

ワシやタカなどの大型の鳥は、風を利用して羽ばたかずに飛ぶ「帆翔」という飛び方をします。風の強さや向きは急に変化することがあり、その風の変動をすべて翼で受けてしまうと、バランスをくずして落ちてしまいます。それを防ぐため、ワシやタカなどは、小翼羽や翼の先の羽のすき間から空気をにがしたり、空気の流れを整えたりしています。

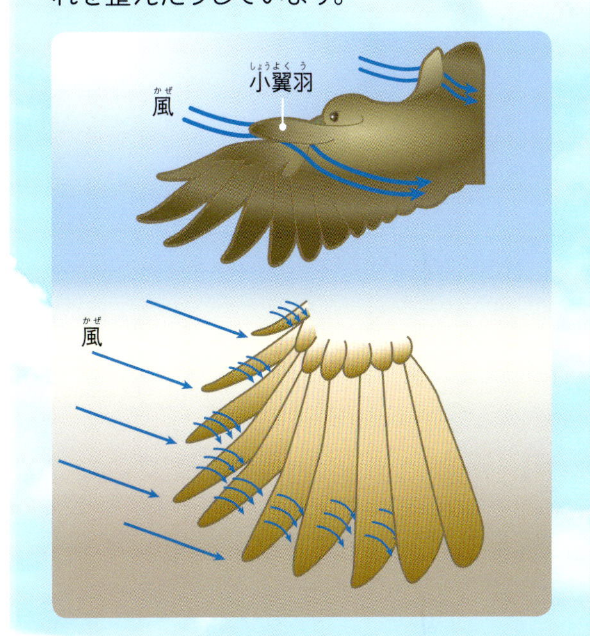


**空気の流れを整える翼のしくみ** 小翼羽や翼の先の羽のすき間に空気を通して失速を防ぐ。このしくみは低速で飛ぶ離着陸のときにも利用されている。

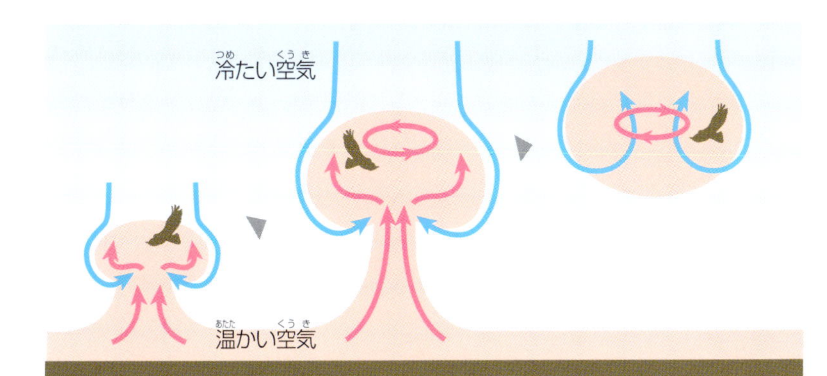


### 温められた空気でできる上昇気流

地面の熱で温められた空気は、まるで水をわかしたときに水中から水蒸気の泡が出てくるように、地面から空気の泡となって立ち上る。上昇する空気の泡に飛びこんだトビは、この泡とともに上へ上っていく。

### 山やがけの斜面にできる上昇気流

風が山やがけの斜面をふき上げて上昇気流になると、ワシやタカの仲間もそれに乗って帆翔する。海でも船や島などの障害物に風が当たることで上昇気流ができる。

# 海上をふく風に乗る鳥

アホウドリは、日本では伊豆諸島の鳥島と尖閣諸島だけで繁殖する海鳥で、翼を広げた長さは3m以上に達します。先が細くて長い翼を広げ、海上を水平にふく風を利用して羽ばたかずに飛び回り、海水面近くに浮上した魚やイカなどをくちばしでとらえて食べます。どうしたら、水平にふく風を使うと羽ばたかずに飛べるのでしょうか。

**帆翔するアホウドリ**
海上で生活するアホウドリは、空を飛びながらえものをさがす。体が大きく、潜水が苦手なため、海面にうかぶ魚やイカなどを食べる。

## 広い海を帆翔する翼の秘密

アホウドリやミズナギドリのように、海を生活の場とする鳥たちは、常に広い海を高速で飛び回らなければなりません。そこで必要となるのが、細長くて先のとがった翼です。細長い翼は、同じ面積の四角い翼に比べて、無風状態で滑空できる距離が長くなるため、島などの休むところがない広い海での長距離飛行に適しています。また、先のとがった翼は空気力が翼の先端より少し肩側ではたらき、翼を曲げようとする力が小さくなるので、肩の負担が軽くなります。

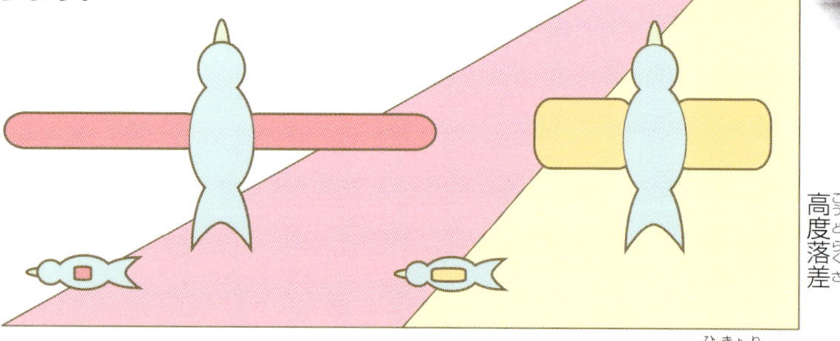


**同じ面積の翼による飛距離のちがい**
羽ばたかずに長距離を移動するには、翼幅が長く、翼弦長の短い、細長い翼（左）のほうが、同じ面積で四角に近い翼（右）より適している。細長い翼は、揚力と抗力の比（揚抗比）が大きく、飛距離と高度落差の比（滑空比）も大きくなるので、わずかな高度落差でも滑空だけで移動できる距離が長い。

**地面に着地するマユグロアホウドリ**
何カ月も海上でくらすアホウドリだが、繁殖の時期には陸地へ下りる。再び飛び立つには長い助走が必要で、羽ばたきながらあしを交互に出して走る。

### 飛行するガラパゴスアホウドリ

風に乗ることで、時速 110 ～ 130km の速さで1日 800km 以上を移動することができる。夏の間はずっと海上で生活をする。

©Steve Allen / Shutterstock.com

## 水の力でつり合いをとる水鳥

重さ 30 ～ 40 g ほどの小型の海鳥ヒメウミツバメは、両翼を広げて海水面にときどきあしをつけたまま小魚をとります。このとき、前からふく風が翼と体を押す力（抗力）と、海水があしを後ろから押す力（抗力）のつり合うようすが、凧にはたらく風の力と凧糸を引く力がつり合うようすと似ているので、「アンカー・ソアリング」とよばれています。

**海水面にうかぶヒメウミツバメ**

広げた翼と体にはたらく風の抗力が、あしにはたらく水の抗力とつり合った状態が、凧と凧糸のつり合いと似ている。

## 羽ばたかずに飛べるわけ

海上を水平にふく風は、水との摩擦で海水面に近いほどおそく、上空にいくほど速くなります。アホウドリは追い風を受けて海面近くまで滑空してスピードをまし、風上に向きを変えて上昇します。これをくり返すことで、羽ばたかずに飛び続けることができるのです。こうした飛び方を、「動的帆翔」（ダイナミック・ソアリング）といいます。

上空の速い風

②速い風がふく上空でゆっくり旋回し、風下に向く。

③追い風を利用しながら降下して、速度を上げる。

海面近くのおそい風

④おそい風がふく海面すれすれの超低空で、高速で旋回し、風上に向き、①にもどる。

①高速で風上に向かって上昇。大気速度は少しずつおそくなる。

**アホウドリの飛び方**

高度と風の速度差を利用して帆翔する。

# 急降下してえものをとる鳥

カワセミは、水のきれいな川や池などの周辺にすむ、頭や翼が青緑色の美しい鳥で、水中の小魚や小エビ、虫などを食べています。ふだんは、水辺の枝やくい、岩などにとまってえものをさがしていますが、それらを見つけると急降下して水中に飛びこみ、くちばしでとらえます。どのようにして、急降下することができるのか考えてみましょう。

**空中を急降下するカワセミ**
川岸の岩の上で水中の小魚などをさがしているが（左）、見つけると翼を折りたたんで空中を急降下し（下）、水中にまっすぐ飛びこんでくちばしでつかまえる（右ページ下）。

©Iana55 ¦ Dreamstime.com

## 翼を折りすぼめて水中に急降下

カワセミは、水中の小魚や生き物を見つけると、翼を小さく折りすぼめて空中を急降下して水中に飛びこみ、くちばしではさみ取ります。高速で水に飛びこみますが、水しぶきはほとんど上がらず、小さな音しか出しません。それは、カワセミのくちばしや体が、水の抵抗を小さくする形をしているからです。

## カワセミのくちばしをまねた新幹線

すでに引退した古い型の0系新幹線は、先頭部が丸い形をしているため、速度をより速くすると、トンネル内を通過するときに空気が押し縮められて、出口で大きな衝撃音が出てしまいます。しかし、新たに開発された500 系新幹線は、先頭部をカワセミのくちばしの形に似せ、空気を後ろへ受け流して急激な圧力変化をおさえることで、高速で走行しても衝撃音を防ぐようにしています。

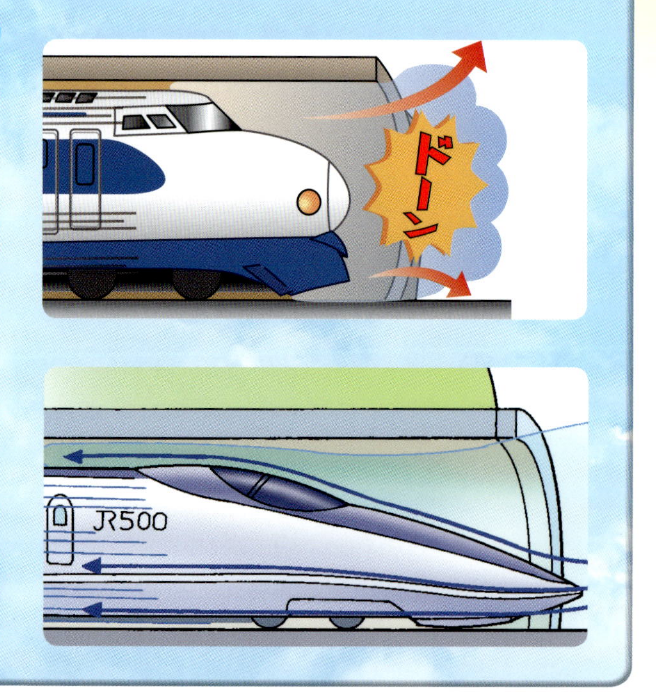


**時速 300km 以上で走行する0系新幹線（上）と500 系新幹線（下）** 0系ではトンネル内の空気が出口で放出されるときに衝撃音が出るが、500 系では空気を後ろににがすことで、衝撃音を防ぐようにしている。

## 翼を折りたたんで空中を急降下

ハヤブサは、小型や中型の鳥を食べるワシやタカの仲間の鳥です。えものを見つけると、尾羽やあしを縮めたり、翼の形を変えたりして飛行速度をまし、あしの爪でとらえます。

**えものをついばむハヤブサ**

飛ぶ鳥を追うハヤブサの瞬間速度は、時速200km以上になる。

**翼の形を変えて急降下するハヤブサ**

空の高いところからえものをさがし（上）、えものを見つけると尾羽やあしを縮めて翼の先をとがらせて高速で追いかけ（中）、翼を折りたたんで急降下する（下）。えものをあしの鋭い爪でとらえると、尾羽や翼を大きく広げてえさ場にもち帰る。

**魚をつかまえたカワセミ**

細長いくちばしが水の抵抗を小さくするはたらきをするので、水音をほとんど立てずに魚をとることができる。

# 木から木へ滑空するほ乳類

翼で羽ばたいて飛ぶほ乳類といえばコウモリですが（→P.38）、日本では林の中を木から木へと滑空するほ乳類として、ムササビやモモンガが知られています。どちらもリスの仲間ですが、昼間に活動するリスとちがって夜に巣から出て林の中を飛び回り、木の葉や木の実などを食べてくらしています。それらの滑空のしかたを考えてみましょう。

## 飛膜に風を受けて滑空する

ムササビとモモンガは、どちらも体のわきに「飛膜」とよばれる皮ふの膜があり、それを広げて翼にし、滑空します。ムササビは首から前あしや後ろあし、尾の一部にまで飛膜がありますが、モモンガの飛膜は前あしと後ろあしの間にしかありません。しかし、滑空のしかたはよく似ていて、どちらも飛膜を広げて木から木へ滑空します。また、ムササビやモモンガの前あしの付け根には、「針状軟骨」とよばれる骨があります。ふだんは内側にたたんでいますが、滑空するときには骨を外側に開き、飛膜を広げて空中に飛び出します。飛び終わると、針状軟骨を再び内側にたたんで飛膜を縮めます。

③木にとまるときは飛膜の反りを大きくし、体を立てて翼の迎角を大きくしながら速度を落とし、両あしの指の爪で樹皮につかまる。木の葉や実を食べ終わると、また高い所に登って別の木に滑空する。

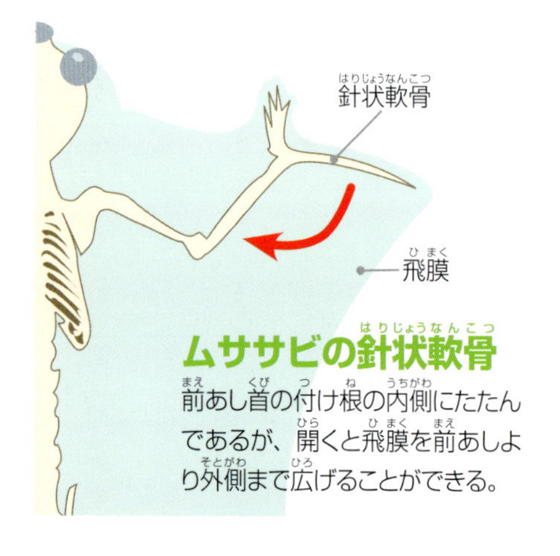


### ムササビの針状軟骨

前あし首の付け根の内側にたたんであるが、開くと飛膜を前あしより外側まで広げることができる。

## 木から木へ飛ぶことに適した翼の形

ムササビやモモンガの翼の形は、正方形に近い形をしています。この翼では飛び立つ木の高さの約3倍しか滑空することができませんが、森の中の木から木へ滑空するには十分な距離を飛ぶことができます。さらに、正方形に近い翼は、進行方向に対する翼のかたむき（迎角）を大きくしても失速しづらいため、垂直に立つ木に着地することに、とても適した形といえます。

画：七宮事務所

## ムササビの滑空のしかた

①木の幹から風のふいてくる方向へ飛び出す。

②尾で向きを調節しながら目標となる木に近づく。

## 木のうろから顔を出すムササビ

頭から尾の付け根までの体長は40cmほどで、昼の間は木のうろ（穴）に身をかくし、夜に出てきて木の実や葉、花などを食べる。

写真提供：理科教材データベース（岐阜大学）

## ニホンモモンガ

体長15～20cmほどで、針状軟骨で前あしと後ろあしの間の飛膜を広げて滑空する（下）。その姿がハンカチに似ているので、「空飛ぶハンカチ」ともよばれている。

画：梅田紀代志

## 滑空するその他のほ乳類

リスの仲間のほかにも、飛膜を使って滑空するほ乳類がいます。オーストラリアにすむフクロモモンガや東南アジアにすむヒヨケザルです。どちらも木の上にすみ、夜に活動して、主に植物を食べてくらすという点で、ムササビやモモンガと共通しています。

### ヒヨケザル

体長34～42cm。首から前あし、後ろあし、尾の先まで飛膜がある。サル目ではなくヒヨケザル目に属するが、「空飛ぶキツネザル」とよばれている。

画：梅田紀代志

### フクロモモンガ

体長14～18cm。モモンガの名がついているが、カンガルーなどと同じ仲間で、おなかのふくろで子育てする。前あしと後ろあしの間の飛膜で滑空するが、針状軟骨はない。

# 滑空する両生類・は虫類

インドや東南アジアなどの熱帯地方にすむトビトカゲやトビヘビは、胸にある肋骨を膜のように広げて木から木へ滑空します。また、中央アメリカやオーストラリア、東南アジアなどの森林にすむトビガエルは、前あしと後ろあしにある水かきを広げて滑空します。その姿を見てみましょう。

**滑空するトビガエル**

前と後ろのあしの指にある水かきを広げて、木から空中に飛び出す。飛行が安定すると、あしの水かきを体に引きよせて体を平らにし、体全体を1つの翼のようにして滑空する。

## 水かきや体を広げて風を受ける

トビガエルはアオガエルの仲間で、ふだんは木の上で昆虫を食べてくらしています。食べ物がなくなると、前あしと後ろあしの指と指の間にある水かきを広げて木の枝から滑空し、別の木に移動します。高さ 5.4 mの木から、7.4 mも滑空した記録があるそうです。

**トビガエル**

東南アジアの森林などにすみ、体長は約 10cm。木の上で生活するため、人目につくことはほとんどないが、産卵期には地上近くまで下りてくる。

## 体をくねらせて風を受ける

トビヘビは、肋骨を広げて筒形の体を平らにすることができ、体全体を1つの翼のようにして滑空します。滑空時には、さらに体をS字状にくねらせて体全体の横幅を長くし、翼幅の大きい形にします。こうすることで、揚力を大きくし、遠くまで滑空できるようにします。

**トビトカゲ**

インド、東南アジア、中国の森林などにすみ、全長は約20cm。危険を感じると別の木へ滑空する。

**滑空中のトビヘビの体の断面**

**翼膜を広げて飛ぶトビトカゲ**

顔の周りの皮ふや肋骨の皮ふを広げて風を受け、滑空する（左）。滑空を終えて肋骨をたたむと、普通のトカゲの姿にもどる（上）。

**トビヘビの滑空**

木の枝にからみついているときには、体は筒形だが（上）、空中に飛び出すときは、肋骨を広げて腹をくぼませ、体の幅を広げて風を受けやすくしている（下）。

## 肋骨の皮ふで風を受ける

トビトカゲの場合には、5～7対の長い肋骨をもっています。それらを広げると、肋骨と肋骨の間の皮ふも広がって翼のような形（翼膜）になります。トビトカゲは、高い木の上から飛び降りて、広げた翼膜に風を受けて滑空するのです。

## 絶滅した空飛ぶは虫類

今から約1億9000万年前、地球上にコウモリのような飛膜のある翼をもつ「翼竜」という、空飛ぶは虫類が現れました。初めのころは全長1mあまりと小型でしたが、8600万年前ごろからは、翼を広げた長さが約12mもある最大の翼竜ケツァルコアトルスが登場します。あまりに翼が巨大だったため、羽ばたくのが難しく、滑空飛行をしていたと考えられています。その巨大な翼竜も、地球上の環境変動で、恐竜とともに絶滅してしまいました。

**滑空するケツァルコアトルス** 翼の付け根には「前翼膜」とよばれる飛膜があり、低速ではあっても安定して滑空することができたと考えられている。

# 空を飛ぶ海の生き物

船に乗って暖かい海域を進んでいると、船におどろいて船のへさきあたりの水中から飛び出し、空中を飛んでいく生き物がいます。トビウオやトビイカの仲間です。海の生き物にとって空を飛ぶことは、マグロやイルカなどの水中の敵からにげるための有効な手段になります。では、トビウオやトビイカの仲間は、どのようにして飛んでいるのでしょうか。

**尾びれで水面をあおぐトビウオ**
胸びれや腹びれを鳥のように羽ばたかせて、推力をつくることはできない。尾びれの下の部分（下葉）で水面をあおいで推力をつくりだす。

## ひれで飛ぶトビウオ

トビウオは、一度水面上に出ると100m以上飛ぶことができます。その飛び方は、まず、水中で尾びれを左右に激しく動かして速度をつけ、水面に出ます。水上でたたまれていた胸びれと腹びれを広げ、尾びれで水面をあおいで十分な速度に達すると上昇し、その後滑空します。空中で体を左右にかたむけて、飛ぶ向きを変えることもできます。また、高度が下がっても、地面効果（水面効果）を利用したり、尾びれで水をあおいで推力を得たりして、さらに滑空することができます。



**水中から飛び出すトビウオ**
トビウオは世界中に約60種類、日本に約28種類いる。全長は35cmほどで、大型のものは50cm以上になる。途中で飛行速度が落ちると、尾びれで水面をあおいで勢いをつけ、飛び続ける。

**飛ぶイカの大群**
滑空する距離は50m以上になるという。トビイカやアカイカには、胴長40cm以上の大型のものもいるが、大型のものが飛ぶ姿はほとんど見られない。

写真提供：北海道大学　撮影：村松康太

## 滑空するイカ

トビイカやアカイカなどの小型のイカの仲間も、空を飛ぶことができます。その飛び方は、まず「ろうと」という器官から海水を後ろへはき出し、その反動を利用して水中から飛び出します。空中でも海水をはき出し続けて加速するとともに、ひれと腕を広げています。海水を出し切った後も、翼としてのひれと腕に発生する揚力を利用して滑空することができるのです。腕にある膜を広げたり、さらに翼の面積をふやすためにねばねばした水の粘膜を腕と腕の間に張ったりすることで、揚力を生み出しているとも考えられています。

ひれ
ろうと

**水中から飛び出すトビイカ**
ろうとから水をふき出し、ひれを体に巻きつかせ、腕を束ねて、水の抵抗を小さくして飛び出す（左）。空中ではひれや腕を広げて揚力を生み出す（上）。

## 太平洋で金魚すくい！？

宮崎県串間市はトビウオの産地として知られており、「トビウオすくい」という昔ながらの漁法があります。船上から夜の海を照らして、光のほうへ飛んでくるトビウオを、大きな網ですくうようにしてつかまえるのです。この漁法は、「太平洋の金魚すくい」ともよばれ、6月から10月の間、大人も子どもも体験できる観光名物になっています。

**トビウオすくい**　夜の海で、光に向かって飛んでくるトビウオを網ですくう。トビウオは、中国地方・九州地方では「アゴ」ともよばれる。

写真提供2点とも：串間市

# 滑空する植物の種

自分の力で動くことができない植物は、そこからはなれた場所に子孫を残すために、種や花粉をさまざまな方法で散らばせています。その1つに、風を利用して遠くへ飛ばす方法があります。植物の種の飛び方にはいくつかありますが、ここではグライダーのように滑空する植物の種を紹介します。

## 大きな翼をもつアルソミトラ

アルソミトラは、東南アジアの熱帯地域の森に分布するつる性の植物で、樹上にできる実には種がつまっています。風がふくと、実の割れ目から種が1枚ずつ飛び出し、うすくて大きな翼で風を受けて滑空します。グライダーも同じように滑空しますが、通常は機体のバランスをとるために尾翼が必要です。アルソミトラの種は、尾翼がなくても安定して飛ぶことに適した翼をもっています。

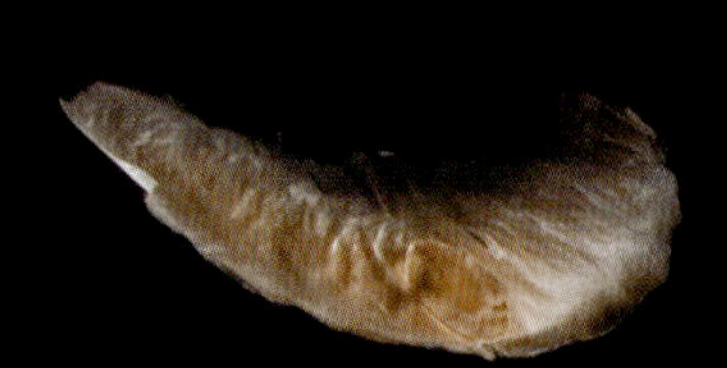

**アルソミトラの種**
翼の幅は約 14cm。東南アジアの赤道付近の森では強い風がふかないので、弱い風にも乗れる大きな翼で滑空する。一方、日本のように強い風がふく地域にあるヤマノイモなどの滑空をする種の翼は小さい。

## 尾翼なしで飛べるわけ

アルソミトラの種が安定して飛べる理由の1つは、翼につく種の位置にあります。翼の前のほうにつくと重心が前にかたむくため、翼の前のほうで発生する上向きの力（揚力）とバランスがとりやすくなるからです。また、うすくてたわみやすい翼は、横すべりなどをしたとき、すべった側の翼がたわんで、すべりを止めることができます。さらに、後退角のあるバナナ形の翼や翼の後ろ側のふちがわずかに反り上がっていることも、安定性をあげる要素の1つです。

©TOM KAROLA / Shutterstock.com

**グライダー**
エンジンなどの動力を使わずに滑空する乗り物。自動車などに引かれて上空に上がり、上昇気流を利用して長時間飛ぶことができる。

## 小さな翼で滑空する種

ヤマノイモの種は小さいながらも、膜状の翼をもっています。翼をふくむ種の大きさは直径約 15mm で、種自体は直径約 4mm です。わずかですがこの翼で滑空することができます。小さな翼で滑空する種はほかに、シラカンバやノウゼンカズラなどがあります。どの種も長い距離を滑空することはできませんが、アルソミトラと同じように翼に対して種が前のほうについていて、重心が滑空に適した位置にあることがわかっています。

**シンテッポウユリの種**
約5mm の種の周りに、翼をもつ。種も翼も小さいため、翼で風を受けて飛散することが多いが、滑空をすることもある。

**ヤマノイモの実（上）と種（左）** つる性の植物で、とろろ芋の一種。ジネンジョともよばれる。1つの実に3つの種がつく。翼をふくめた種の大きさは1～2cm。

**アルソミトラの実**
直径約 20cm の丸い実の中に、約 400 枚の種が入っている。実は熟すと下の部分が割れ、その割れ目から種が飛んでいく。

**アルソミトラの木** 学名はアルソミトラ・マクロカルパといい、ヒョウタンカズラやハネフクベという和名ももつ。高い木につるをからませて成長し、実のつく高さは 10m 以上になる。

# 回転する植物の種

翼を利用して空を飛ぶ植物の種には、グライダー（→P.54）のように滑空するもののほかに、ヘリコプターのように翼が回転（自動回転）するものがあります。翼の枚数は種類によってさまざまで、カエデのように1枚のものや、ツクバネのように2枚以上の翼をもつものもあります。では、翼の回転によってどのように種が飛ぶのか見ていきましょう。

## 1枚の翼で回転するカエデの種

イロハモミジなどのカエデの種は、子房の一部が大きくなってできた1枚の翼をもちます。翼の片側に種がつくと、種全体の重心が片側にかたよるため、種は枝から落ちるとすぐに回転を始めます。回転により翼に上向きの力（揚力）が発生し、種の落ちる速さがおそくなるので、その間に横風で種を遠くまで散らばせることができるのです。また、翼の表面にある筋状のでこぼこは、種が小さいので、粘っこい空気の流れを整えて、安定して回転しながら飛ぶことに役立っています。

**イロハモミジの種（下）と回転のしかた（左）**

種を中心として、翼は1分間に約1000回も回転する。翼の表面のでこぼこをヤスリでけずってしまうと、回転数が下がり、降下速度が速くなってしまう。

**春のイロハモミジ**

1つの実に2つの種ができる。春から夏の未熟なものは種の根元がくっついているが、秋に熟すと2つに分かれる。

## 回転する種のいろいろ

回転する種の翼の数は、種類によってさまざまで、1枚の翼で回転するカエデやアオギリ、2枚のフタバガキ、4枚のツクバネなどがあります。2枚以上の翼をもつものも、種全体の重心近くに翼がついているので、安定して回転することができます。また、どの種も、とても強い風がふくときに枝からはなれ、風に乗って遠くへ運ばれます。

**アオギリの種**
種を包む子房の一部（心皮）でできた翼をもつ。約5cmの心皮のふちに1〜5個の種がつく。心皮は、種がついているほうを中心にして回転する。

**ツクバネ** 4枚の翼は葉が変化した花葉を包む「苞」とよばれるもので、1枚の苞の長さは4cmほど。苞を下に向けて実が枝につく。実が熟すと、苞に風を受けくるくる回転しながら飛び散る。

写真提供：「花のびっくり箱」http://hanapon.karakuri-yashiki.com

**フタバガキ**
2枚の翼はがくが変化したもの。カキのような実に2枚の翼をつけることからこの名前がついた。



## 回転する種をつくろう

画用紙とクリップを使って、フタバガキのように2枚の翼で回転する種の模型をつくることができます。用意するものは、画用紙、クリップ、はさみ、定規です。画用紙の厚さや翼の長さを変えると、回転のしかたが変わります。

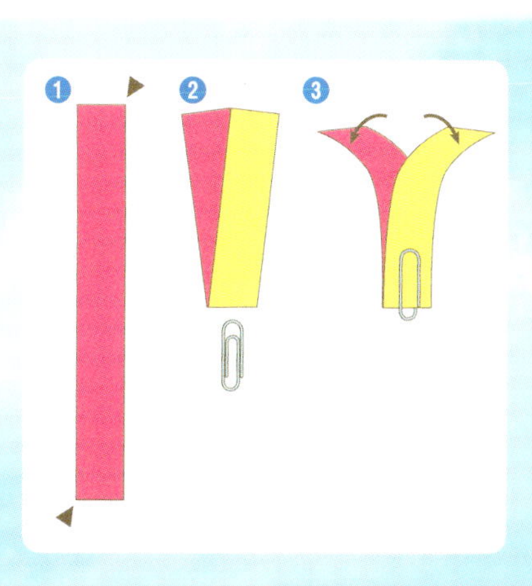


**回転する種の作り方**
❶画用紙を横1.5cm、縦10cmに切り出す。❷対角線上の2つの角を合わせて折り、折り目に種の代わりにクリップをはさむ。❸翼になる部分を外側へ反らせて完成。上に放り投げると、2枚の翼が回転しながら下へ落ちてくる。

# 毛で飛ぶ植物の種

空を飛ぶ植物の種には、アルソミトラやツクバネのように翼で飛ぶもののほかに、タンポポやガマのように綿毛に風を受けて飛ぶものがあります。綿毛で飛ぶ種は、翼で飛ぶ種に比べて植物の背が低く、種が小さいようです。では、植物の種は綿毛でどのように飛ぶのでしょう？　また、この綿毛は何からつくられるのでしょう？

## 冠毛で飛ぶタンポポの種

タンポポの種には、太さは数 μ mの冠毛ともよばれる綿毛がついています。小さな生き物にとって、風（空気）はハチミツのように粘り気のあるものとしてはたらくため、空気の抵抗（抗力）が大きくなりますが、タンポポの綿毛でも同じことが起きます。タンポポの種の重さは、下向きの力（重力）としてはたらくのに対して、細い毛にふき上げる風（空気）は上向きの大きな力（抗力）を生み出すため、空を飛ぶことができるのです（→ P.10）。

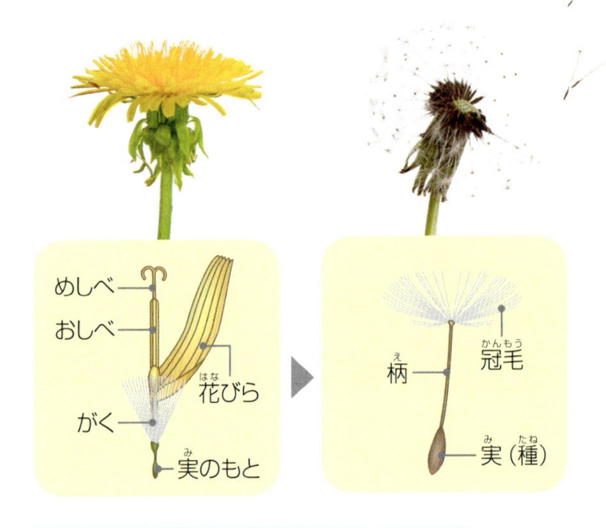


### タンポポの花と綿毛

タンポポの花は、小さな花が集まってできている。花がしぼむと、花びらが落ちて、がくと中に種の入った実のみになる。しばらくすると、がくと実の間の柄がのび、がくが綿毛（冠毛）になる。

花と実の写真：©Potapov Alexander / Shutterstock.com

## 毛や糸で飛ぶ動物

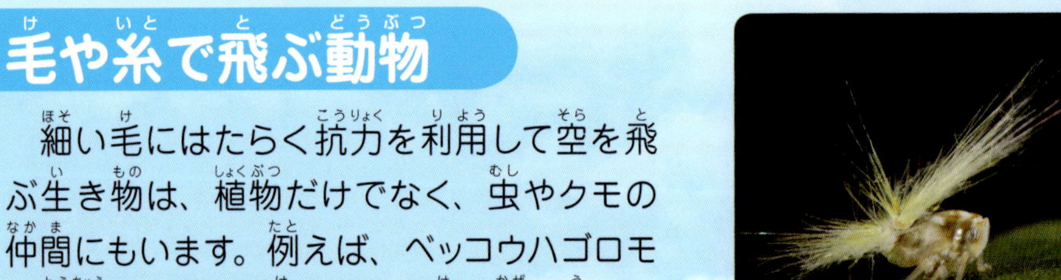

細い毛にはたらく抗力を利用して空を飛ぶ生き物は、植物だけでなく、虫やクモの仲間にもいます。例えば、ベッコウハゴロモの幼虫はおしりに生えている毛に風を受けて飛びます。また、コモリグモなどは、おしりから出した糸で風を受けて飛びます。雪が降る前の秋の晴れた日に大量に空を飛ぶので、「雪迎え」ともよばれます。

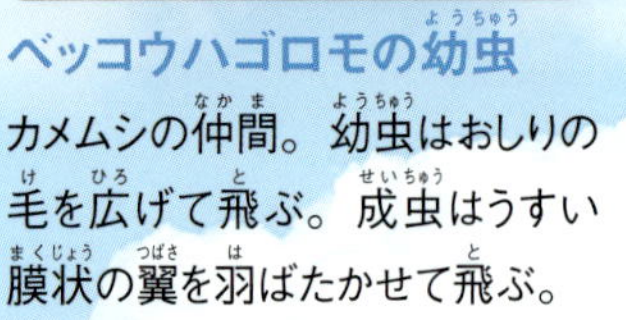

撮影：占部友一

### ベッコウハゴロモの幼虫

カメムシの仲間。幼虫はおしりの毛を広げて飛ぶ。成虫はうすい膜状の翼を羽ばたかせて飛ぶ。

撮影：占部友一

### 糸を出すコモリグモ

主にクモの子どもが糸を使って飛ぶ。糸を十数本出して飛び、自分で糸を切って着地する。

## めしべが毛になる!?

毛で飛ぶ種をもつ植物は、タンポポのほかにガガイモやクレマチスの仲間などがあります。毛のでき方もさまざまで、タンポポのようにがくが変化したものや、ガガイモの仲間のように種皮が変化したもの、クレマチスの仲間のように残っためしべが変化したものなどがあります。

©LFRabanedo / Shutterstock.com

**ガマ**　1本の穂には10万個以上の種がつく。熟した穂に風などが当たると、一気に綿毛のついた種がまい上がる。綿毛は種の下の部分（果柄）から生えている。

©Angel DiBilio / Shutterstock.com

**トウワタ**

ガガイモの仲間。夏から秋にかけて花（右）がさき、秋に熟した実（上）から綿毛のついた種が飛んでいく。

©Shulevskyy Volodymyr / Shutterstock.com

©Bildagentur Zoonar GmbH / Shutterstock.com

©Giuseppe Lancia / Shutterstock.com

**クレマチスビタルバ**

クレマチスの仲間。1つの花（左上）にめしべが数本あり、めしべの根元にそれぞれ種（上）がつく。

# 空をまう小さな生き物

春になると、くしゃみや鼻水などの花粉症の症状に悩まされる人が出てきます。その主な原因は、スギの花粉です。スギの花粉は、とても小さく、丸い形をしています。翼がなく、したがって羽ばたきもしませんが、空を飛んでやってきます。植物の花粉以外にも、翼がなくて飛ぶ生き物はいるのでしょうか？

**スギの花粉がまうようす**
1本のスギに数億個以上の花粉ができるが、め花にたどりついて受粉できるのはわずかしかない。

## 空をまう植物の花粉

スギやマツの植物の花粉は、お花から風で運ばれてめ花に受粉し、球果とよばれる実をつくります。花粉の大きさは、最大でも数十μmほどで、とても小さいのが特徴です。そのため、とても軽く、落ちる速さがおそくても、上向きにはたらく空気の抵抗（抗力）が大きいので、花粉は空を飛ぶことができるのです。また、お花は長いものが多く、お花の中でつくられた花粉が風を受けて飛び出しやすい形になっています。

**スギの花粉の電子顕微鏡写真とお花**　2～4月に花粉が飛ぶ。花粉の直径は30～40μm。

**スギの種と球果**　種の周りに小さな翼をもち、風に乗って遠くまで飛ぶことができる。翼をふくむ種の長さは約5mm。

## 胞子や菌も空を飛ぶ

シダ植物やキノコなどの菌類は、胞子でふえます。それらの胞子は、数μmととても小さいため、スギの花粉と同じように翼がなくても空を飛ぶことができます。シダ植物の仲間のスギナの場合には、「つくし」とよばれる茎から胞子を飛ばします。胞子には弾糸とよばれる４本のひもが巻きついていて、空気が乾燥するとほどけて風を受けやすい形になります。

**スギナ（右）と胞子の電子顕微鏡写真（左）** 頭につけた穂から胞子を飛ばす茎は「つくし」ともよばれる。1本のつくしに100万個以上の胞子ができる。胞子には4本の弾糸があり、空気が湿っているときは胞子を包むように巻きついているが、乾燥するとほどけて風に乗って飛ぶ。

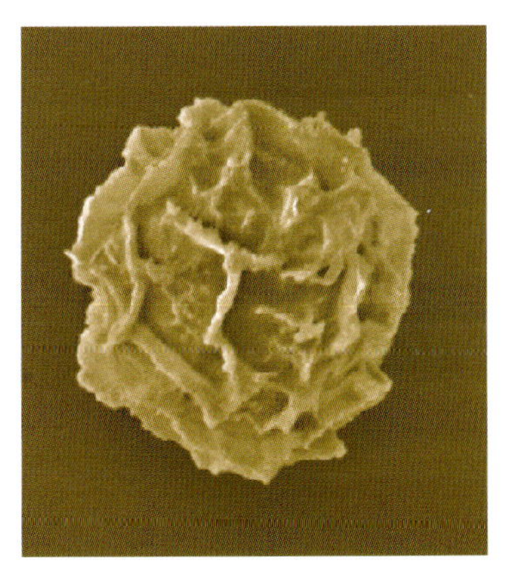

**シケシダの葉の裏（右）と胞子の電子顕微鏡写真（左）** シダ植物の仲間。胞子は葉の裏側にできる胞子のう（右写真○内）というふくろの中に入っている。胞子の直径は30～40μmで、表面にでこぼこがある。

## 種の運ばれ方のいろいろ

ここまで風を利用して飛ぶ花粉などを紹介してきましたが、種の運ばれ方はそれだけではありません。動物や水を利用したり、自力で遠くへはじきとばしたりするものなどもあります。動物の利用のしかたの1つに、鳥に種の入った実を食べさせ、少しはなれた場所で、消化されずに残った種をふんとともに出してもらうことで運ばせる方法があります。

**ナナカマドの実を食べるヒヨドリ** 秋から翌年の春まで実をつけて、鳥に種を運ばせる。

**種をはじきとばすゲンノショウコの実** 乾燥した実はさけて反り返り、種を飛ばす。

# さくいん

## あ



## か



## さ



## た

## な



## は



## ま



## や



## ら



## わ

## 監修者紹介


**東 昭**（あずま あきら）

1927年神奈川県川崎市に生まれる。1953年東京大学工学部応用数学科卒業。工学博士。大学卒業後、川崎航空機工業㈱（現・川崎重工業㈱）に入社。1959年マサチューセッツ工科大学客員研究員を経て、1964年東京大学助教授に就任。1984年にメリーランド大学客員教授、1987年に航空・電子等技術審議会委員を務める。1988年から東京大学名誉教授。ヘリコプターやロケットなどの設計を手がけるかたわら、生物の運動を力学的に解明。著書に『生物・その素晴らしい動き』（共立出版）、『航空工学』（裳華房）、『航空を科学する』（酣燈社）、『生物の動きの事典』（朝倉書店）など多数。


### 写真提供・協力者一覧


赤塚植物園／阿達直樹／我孫子市鳥の博物館／占部友一／鹿児島大学 鈴木英治／岐阜県博物館／串間市／久保政喜／神戸どうぶつ王国／国立科学博物館附属自然教育園／佐野和彦／東北大学 多元物質科学研究所／東洋蝙蝠研究所／新潟県愛鳥センター紫雲寺さえずりの里／西日本旅客鉄道／日本文理大学 マイクロ流体技術研究所 小幡章／花のびっくり箱／フォトライブラリー／福井市自然史博物館／福岡教育大学 福原達人／北海道大学／理科教材データベース（岐阜大学）／Dreamstime／Flickr／NASA／PRIGA／Shutterstock




### 参考文献


『イカはしゃべるし、空も飛ぶ―面白いイカ学入門』（講談社）／『エアロアクアバイオメカニクス』（森北出版）／『恐竜はなぜ鳥に進化したのか』（文藝春秋）／『工夫がいっぱい！ 飛ぶしくみ大研究』（PHP研究所）／『コウモリ観察ブック』（人類文化社）／『昆虫力』（小学館）／『昆虫の生態図鑑』（学研）／『写真でわかる科学の世界6 飛ぶしくみ』（小峰書店）／『新編 チョウはなぜ飛ぶか』（朝日出版社）／『図解雑学 動物の不思議』（ナツメ社）／『図解雑学 鳥のおもしろ行動学』（ナツメ社）／『生物・その素晴らしい動き』（共立出版）／『生物と運動』（日経サイエンス社）／『生物の動きの事典』（朝倉書店）／『そして恐竜は鳥になった』（誠文堂新光社）／『空を飛ぶサル？ ヒヨケザル』（八坂書房）／『タネはどこからきたか？』（山と溪谷社）／『飛ぶ―そのしくみと流体力学』（オーム社）／『飛ぶ力学』（東京大学出版会）／『鳥・空をとぶ』（岩崎書店）／『鳥たちの旅―渡り鳥の衛星追跡』（日本放送出版協会）／『増補改訂 鳥の生態図鑑』（学習研究社）／『鳥と飛行機どこがちがうか』（草思社）／『とんでる力学』（丸善）／『ハチは宇宙船の中でどう飛んだか』（日経サイエンス社）／『花からたねへ』（全国農村教育協会）／『飛行蜘蛛』（笠間書院）／『人が学ぶ昆虫の知恵』（東京農工大学出版会）／『ムササビに会いたい！』（晶文社）／『図解入門よくわかる航空力学の基本』（秀和システム）／『両生類・爬虫類のふしぎ』（SBクリエイティブ）

その他、各種文献、各専門機関のホームページを参考にさせていただきました。


### 写真クレジット


【カバー・表紙】キアゲハ ©jps/Shutterstock.com、フタバガキ ©Winai Tepsuttinun/Shutterstock.com、キクガシラコウモリ ©東洋蝙蝠研究所、オオハクチョウ ©Erni/Shutterstock.com、トビウオ ©feathercollector/Shutterstock.com、テントウムシ ©AdStock RF/Shutterstock.com
【裏表紙】クロコサギ ©Dave Montreuil/Shutterstock.com
【本扉】アホウドリ©Steve Allen/Shutterstock.com
【前見返し】ペリカン© AndreAnita/Shutterstock.com
【後見返し】ウミガラス ©David Thyberg/Shutterstock.com


### イラスト


内村祐美、梅田紀代志、酒井真由美、高橋正輝、
七宮事務所、山崎まりゑ、山屋、ハユマ（小澤典子）


### カバー・本文デザイン


内村祐美


### 編集・構成


ハユマ（小西麻衣、井沢和広、皆川正義、戸松大洋）


# 空を飛ぶ生き物たち

## 鳥・昆虫から植物の種まで


2015年1月12日 第1版第1刷発行

監　修　東　昭
発行者　山崎　至
発行所　株式会社ＰＨＰ研究所
東京本部 〒102-8331 千代田区一番町21
児童書局 出版部 TEL 03-3239-6255（編集）
普及部 TEL 03-3239-6256（販売）
京都本部 〒601-8411 京都市南区西九条北ノ内町11
PHP INTERFACE http://www.php.co.jp/
印刷所　凸版印刷株式会社
製本所　東京美術紙工協業組合





ISBN978-4-569-78440-3
NDC481 63P 29cm